U0198292

科学人文书系

Science & Humanities

肉食美学与素食歧视

从文化、生态及现代工业等角度切入，以日常生活一蔬一饭、草木虫鸟为素材，挖掘出习而不察的偏见与误读。

陈沐 ◎ 著

上海科学技术文献出版社

Shanghai Scientific and Technological Literature Press

图书在版编目（CIP）数据

肉食美学与素食歧视 / 陈沐著．—上海：上海科学技术
文献出版社，2016.3
　（科学人文书系）
　ISBN 978-7-5439-6972-8

　Ⅰ．① 肉…　Ⅱ．① 陈…　Ⅲ．① 饮食—文化—研
究　Ⅳ．① TS971

中国版本图书馆 CIP 数据核字（2016）第 036025 号

总　策　划：梅雪林
责任编辑：石　婧
装帧设计：有滋有味（北京）
装帧统筹：尹武进

丛书名：科学人文书系
书　　名：肉食美学与素食歧视
　　陈　沐　著
出版发行：上海科学技术文献出版社
地　　址：上海市长乐路 746 号
邮政编码：200040
经　　销：全国新华书店
印　　刷：上海中华商务联合印刷有限公司
开　　本：787×1092　1/32
印　　张：5
字　　数：88 000
版　　次：2016 年 3 月第 1 版　2016 年 3 月第 1 次印刷
书　　号：ISBN 978-7-5439-6972-8
定　　价：30.00 元
http://www.sstlp.com

目　录

停 杯 投 箸

1. 肉食美学与素食歧视

一

一个东方女人,怎样在饮食上给自己的形象加分? 答案是"吃肉"。

电视剧《咱们结婚吧》有这样一个情节:男主角的父母吵了一辈子,到晚年仍矛盾不断,老太太不让丈夫吃肉,丈夫有一次偷偷跑到外面餐馆吃红烧肉,被老太太发现,结果家庭战争爆发。而女主角的母亲则截然相反,她请准女婿来家里吃饭,为了显示自己的诚意,她几乎要把整个超市的生猛海鲜都买回来……如果看完全剧,就会发现这些情节并非可有可无的闲笔,而是塑造人物形象的"点睛之笔"。该剧的人物设定是:男主角的母亲"古板唠叨、神经质、疑心重",并且是导致儿子成为超级剩男的罪魁祸首;而女主角的母亲则是"热爱生活、时尚能干",为了能让女儿出嫁,她主动与亲家和解,尽显高姿态。

《来自星星的你》，千颂伊爱吃炸鸡，于是一众中国女明星也纷纷晒出自己的饕餮之态，尽管她们在现实生活中连蔬菜都得小心翼翼地摄入。据说某杂志采访汤唯时问她最爱吃的菜，她回答"回锅肉"，杂志编辑觉得不符合女神形象，于是改成"香菇菜心"。其实从形象维护的角度来讲，汤唯的回答才是正解，编辑不懂"爱吃肉的女明星更受欢迎"的道理。

"崇尚肉食"的规则不仅适用于家庭主妇与女明星，同时还适用于文艺女青年。苏枕书"耽书成癖，煮字疗饥"，行文极清丽高远，但是每当谈饮食，却往往笔锋陡转，如岁末冬余"香肠灌好了，火腿熏好了，腊肉风干了""在北京要吃大块的肉，吃春饼、肉皮冻，吃卤煮"。反之，韩国小说《素食主义者》中的女主角，童年就有心理阴影，成年后的某一天由于噩梦，走上了素食之路，并患上妄想症，最终她被认定为精神病患者……

植物性食材在东方饮食文化中占据了重要地位，但是现在我们的主流文化显然更推崇肉食，而素食者时常被贴上小众、怪癖的标签。这看起来有点匪夷所思，其实如果回顾一下历史，就会发现咱们的饮食文化历来更推崇肉食。

二

作为我国历史上粮食生产、食品制造和烹饪技术的元典文献，《齐民要术》其实比现在的大多数"农业技术手册"更有情怀。贾思勰在该书序言里屡次提到前人关于节俭的训诫，如"禁止嫁娶送终奢靡，务出于俭约"。不过，如果仔细分析全书，却不禁让人生疑，这样的生活也算节俭？这疑惑主要源于两个方面：其一是对酒肉的重视；其二是食品的精致程度。

酿酒过程对粮食的消耗量很大，因此酒属于较奢侈的饮料。《齐民要术》中除药物配制酒 2 种不计外，其酿造酒共计 39 种，其中仅有"粟米酒法"是"贫薄之家，所宜用也"，其余均为高档酒。酿酒对于粮食的数量与质量均有要求，而且制作过程还有相当大一部分的营养损耗掉，"其米绝令精细。淘米可二十遍"。又比如，由于米的外皮及胚芽中的蛋白质及脂肪含量特大，对酿酒有碍酒质，所以要除去，只留着胚乳。酿酒的米要舂得极精白，米愈精白，可溶性无氮物（以淀粉为主）含量愈高，而这正是产生酒精的主要来源。

在古代中国，普通人吃肉的机会较少，"七十以上可以食肉"即可表明，动物类食品在中国历史上是奢侈品。在《齐民要术》中，肉在饮食部分所占的比例很大。书中七至九卷的第64—89条是关于饮食的内容，其中专门介绍动物性食品的有 8 条，专门介绍植物性食品的有 8 条，两样都包括的有 5 条，还有一条是盐。总结书中的动物及其产品包括：牛、羊、獐子、鹿、家猪、野猪、熊、虾、蟹、石首鱼、鮂鱼、鲻鱼、鲷鱼、青鱼、刀鱼、鲐鱼、鳢鱼、白鱼（鲌鱼）、鲤鱼、鲇鱼、鹅、雁、鸡、鸭、勒鸭、鸧、鸹、凫（野鸭）、雉、兔、鹌鹑、鳖、蚶子、牡蛎、车螯（鳌）、马、驴、犬、蝉、鸡鸭蛋、牛羊驴马奶，酥酪及干酪。虽然在东汉末年，由于北方游牧民族涌入华北内地而使得当地畜牧业的发展强于农耕业，但是在华北这类以农耕经济为主的地区，即使在畜牧生产比重相对较高且野生动物尚较丰富的时代，动物性食品供给仍然不能说是十分丰足，因此人们对所能获得的肉食比之对谷蔬也更为珍重。①

　　至于书中所记饮食的精致细腻，也随处可见。如"衔炙法"，将姜椒等调和而成的碎鹅肉，外面用细琢的鱼肉裹而炙之。还有"酿炙白鱼法"，将鸭肉琢细杂和腌瓜等为馅，塞进鱼腹中为酿。不仅制作工艺考究烦琐，而且色香味也不同寻常，"色同琥珀，又类真金。入口即消，状若凌雪，含浆膏润，特异凡常也""酒色漂漂与银光一体，姜辛、桂辣、蜜甜、胆苦，悉在其中，芬芳酷烈，轻便遒爽，超然独异，非黍、秫之传也"。

　　当然，较之后世的饮食之书，以上所述倒也算得上俭约

---

① 王利华：《中古华北饮食文化的变迁》，北京：中国社会科学出版社，2000 年版，第 106 页，第 172 页。

了。南北朝是中国饮食文化的一个转折点，在此以后，由于铁等金属厨具的普遍使用，引起了传统烹调工艺的历史性变革，中国古代筵席愈加精致奢华。

《齐民要术》的作者在亲历了战乱、灾荒以及社会动荡之后，对民生社稷产生忧虑之情，并最终得以在一个相对稳定的局势下整理了前人关于农事与民食的资料以及亲身体验，编写成书，以期达到富国安民的目的。然而这样一本忧国忧民之书，以今天的眼光来看，有相当一部分篇幅却像是在介绍"上流生活指南·饮食篇"。这应该不是贾思勰的本意，而是由中国的饮食传统决定的。

林语堂说："人世间倘有任何事情值得吾人的慎重将事者，那不是宗教，也不是学问，而是'吃'。吾们曾公开宣称'吃'为人生少数乐事之一。这个态度的问题颇为重要，因为吾们倘非竭诚注重食事，吾人将永不能把'吃'和烹调演成艺术。"（《吾国与吾民》）"吃"对于国人之所以如此重要，乃是因为饮食一事，不仅满足生存的需要，同时还在礼俗维系、精神诉求以及食疗养生等方面发挥着重要作用，因此它对我们日常生活的渗透几乎是全方位的。

三

饮食首先意味着礼俗的构建与维系。在人类社会文明进步的过程中,生活行为的规范是逐步实现的。当社会有剩余生活资料出现时,便会出现用"规则"保障某些杰出人员对这些生活资料的不平等占有,这便是饮食礼俗专家所说的"礼"的阶段。"夫礼之初,始诸饮食",在生产力水平低下的古代,食物无疑是最重要的生活资料,因此古代的"礼"首先表现为对食物的分配和食用。[①] 在礼俗的构建与维系过程中,肉食不可或缺。西周时期,人们敬畏鬼神,崇拜祖先,祭祀活动开始盛行,而祭品往往是猪、牛、羊等牲畜。"祭"字本义就是用手拿肉去敬神。

我国历史上最初与饮食相关的记载,带有浓厚的礼教色彩,最有影响力者当推《论语·乡党》,其中记述了孔子待人接物之道和生活准则,有关饮食的是:

> 齐必变食,居必迁坐。食不厌精,脍不厌细。食饐而餲,鱼馁而肉败不食。色恶不食。臭恶不食。失饪不食。不时不食。割不正不食。不得其酱不食。肉虽多,不使胜食气。唯酒无量,不及乱。沽酒市脯不食。不撤姜食。不多食。祭于公,不宿肉。祭肉,不出三日,出三日,不食之矣。

---

① 姚伟均:《中国传统饮食礼仪研究》,武汉：华中师范大学出版社,1999 年版。

随着时代的发展,对鬼神的敬重逐渐转化为对位高权重者以及师长的敬重。孔子开私塾时,学生们给他交的全是食物,尤以"束脩"(干腊肉、熏肉)居多,"自行束脩以上,吾未曾无悔焉"。(《论语·述而》)后来在鲁国做官,由于季桓子与孔子的三观越来越不合,于是冷落了他,让他无事可做,不得不辞职或出走。但孔子觉得当时的职位(大司寇)对自己行道大有好处,所以还是将就着不走。子路劝他走,他说"鲁国今天要祭天,如果他们把祭肉给我送来,说明他们心里还有我,我还可以不走",按照周礼,祭天之后,要将祭肉送给大夫。鲁国一向是这样做的。可是这一次祭天之后,无人送祭肉来,孔子于是决定离开鲁国。

另外,中国古代食礼,尊老风气极盛,让老年人摄取足够的动物食品(肉蛋奶),乃是尽孝心的一项重要指标。《孟子·梁惠王上》曰:"鸡豚狗彘之畜,无失其时,七十者可以食肉矣。"二十四孝中就有卧冰求鲤、涌泉跃鲤、鹿乳奉亲、乳姑不怠等四个与食荤相关的典故。

以此类推,越是重要的场合,越是受人尊敬的宾客以及有权势者,就应当提供越多的肉食。但是人的食量是有限的,因此烹饪文化不得不朝着求新求异的方向发展,而过度追求新奇则会导致畸形、残虐的饮食文化。一方面追求食材的珍奇程度,诸如龙肝、凤胆(或凤髓)、象鼻、豹胎、熊掌、驼峰、猩唇、虎肾、猴脑等原料;另一方面则是在烹饪方式上创新，唐代笔记小说集《朝野佥载》记载，有一官职为"控鹤监"，其工作就是将鹅、鸭赶进大铁笼内，当中燃有炭火，还有铜盆储存着五味汁。鹅鸭绕火走，渴了就喝调料……到最后，"毛落尽，肉赤烘烘乃死。"总之，材料之珍奇与烹饪方式之残酷，必择其一，如明代《五杂俎》记载："京师大内进御，每以非时之物为珍……至于宰杀牲畜，多以残酷取味。"

一切礼制的制定，都是为了表示对某人、某事、某物或某种意念的恭敬。对想象中的能主宰人类命运的鬼神表示尊敬，以求得自己心灵上的慰藉以及世俗生活的安全。由于在最初的食文化中，"饮食"是礼制的一种重要载体，因此到了后世，饮食在中国人的人际交往、各种仪式中也占据了相当重要的分量，并且延续了祭祀文化的风格：注重食物的丰盛和珍贵的程度。从古至今，肉食一直承担着最为重要的作用。对中餐而言，比众声喧哗、当众剔牙或者抖腿更为严重的失礼行为是：餐桌上没有肉菜。

四

精神诉求也离不开食物。"生活的情趣和美感，从来都是我们民族特具的通向超越界的道。读历来的诗歌，可为明证。我们的诗歌里，没有多少宏大叙事、战争和征服、神的荣耀、哲学的冥想，却多的是日常生活的乐趣、自然的美感。光晨月夕、竹影庭院，山泉古寺，苍松翠柏，以及饮燕酬酢，福生送死，便是我们日常人生的全部。其间自有苦乐、有哀伤、有安慰、有命运、有美感，有信仰。"①饮食作为日常生活中最重要的一部分，自然承担了审美、抒情、言志等诸多功能。

苏东坡可算作文人美食家的典型，他的一篇《老饕赋》将饮食一事描述得宛若仙境。"烂樱珠之煎蜜，滃杏酪之蒸羊""盖聚物之夭美，以养吾之老饕""婉彼姜姬，颜如李桃。弹湘妃之玉瑟，鼓帝子之云璈""引南海之玻璃，酌凉州之葡萄""各眼滟于秋水，咸骨醉与春醪""先生一笑而起，渺海阔而天高"……饕餮一词在此之前向来带有"贪吃"的负面色彩，但是待此文一出，饕餮便成为美食家的尊称。

此外，诗人们也常常通过饮食表达自己的人生态度。"日啖荔枝三百颗，不辞长作岭南人"是苏轼贬谪到岭南后所作，字里行间流露出作者的随遇而安、宠辱不惊；"鲈鱼莼菜之思"是张瀚辞官归乡之辞，看客也可领略出诗里对适意与自由的向往……文人名士对饮食最大的贡献在于：经过诗文的洗礼，"吃喝"一事不再是庸俗、贪欲的象征；而是升华为一种精神家园，可以安放我们所有或深沉，或细微的情思。

肉食属于较为贵重的饮食，因此时常作为文人礼尚往

① 唐逸：《点心在北京》，《社会学家茶座》，济南：山东人民出版社，2005 年版，第 4—10 页。

来的硬通货,并留下诗作。《中国历史上的果子狸》①一文中考证了宋代文人互相赠送果子狸的风俗。当时果子狸被认为是最高级的礼物。北宋时苏东坡"送牛尾狸与徐使君",并以此为题赋诗一首。南宋时李纲(1083—1140)曾收到客人送来的玉面狸,并赋诗,李纲曾回赠李泰发黄雀400只,牛尾狸4只,以表感谢。杨万里(延秀,1127—1206)曾寄送牛尾狸、黄雀、冬猫笋等给朱熹,还曾将猎人送给他的活牛尾狸转献给丞相周益公(周必大,1126—1204),两人都为此留下诗作。可以想象,身处这样的社交圈子,如果某人真的信奉"肉食者鄙",绝对会被视为另类而被孤立。

如果说其他美食兼具果腹功能与精神意义,那么酒则纯粹代表了一种精神意义。东晋诗人陶渊明在担任彭泽县令后,将公家提供给他的俸禄田一顷全部用于种秫谷(糯稻),糯米是用来酿酒的,他说"经常有酒让我喝到醉,我就满足了"。对于一位有5个儿子的父亲,这种做法让人难以理解。他妻子坚持要种一些粳稻,用来做饭。争执的结果是五十亩种秫,五十亩种粳。

酒文化在历史上的发展长盛不衰。刘伶以一篇《酒德颂》而名垂千古;李白写下"古来圣贤皆寂寞,惟有饮者留其

① 曾雄生:《中国历史上的果子狸》,《九州学林》二卷三期,2004年版,第228—262页。

名"……此类饮酒诗文层出不穷。尽管古人很早就意识到酒的负面作用,但是在现实的饮食生活中,我们的文化却非常鼓励豪饮。"酒德"一词最初的含义恰好与其现代汉语的字面语义相反:过饮至昏乱,即酗于酒。周公曾告诫周之嗣王:"呜呼!继之今嗣王,则其无淫于观于逸,于游于田,以万民惟正之供……无若殷王受之迷乱,酗于酒德哉!"

"酒德"本是与正统伦常、大众观念都很抵触的东西,然而在数千年的中国酒文化历史上,"酒德"不仅从来未被禁绝,而且还成了无数饮酒者们追求的目标,即如时下饮酒者习常讲的"不醉不休"。于是那些"以酗酒为德"的酒人反倒比真正能够循规蹈矩的饮酒者更为人所乐道,更加有名声,以致连官修正史都要对此大书特书。

文人们将精神生活诉诸饮食并留下诗作,对文学史而言固然是锦上添花,但是另一方面,"饮食文学"在客观上也对追求奢华、纵欲的社会风气产生了推波助澜的效果,如果一个人既热衷于饮食文化,又有相当的政治地位,那么对社会风气的影响就更大了。

东汉末年,官吏腐败,农民起义,社会动荡,儒学一尊的地位遭遇动摇。到了魏晋时代,先秦儒家的许多律己思想已不为所有知识分子所尊崇,崇尚奢侈的风气普遍高涨。作为中国历史上杰出政治家之一的曹操,曾写过我国历史上第一部饮食学著作《四时食制》。魏晋南北朝时期,美食成了上层社会人们的普遍追求,许多皇帝和权贵都是著名的美食家。他们对于中国饮食文化的意义,不仅仅是为史书中贡献了若干与饮食相关的史料,更在于塑造了一种"奢华无度、追求珍奇食材"的经久不衰的价值观。

五

养生也离不开吃。在 2500 年前,中国人对于饮食与维系人体生存的关系就有了系统的认知。如《黄帝内经》中的"人受气于谷,谷入于胃,以传于肺,五脏六腑,皆以受气"。而在食物原料方面,中医将食物分为阴阳两性,在阴阳下面又按其程度不同分为寒、热、温、凉四性,还有阴阳两者同处一体而且平衡的状态叫平性。这样中医就将所有的食物分为寒、凉、平、温、热五种属性;然后再根据食物的不同性质,按照"寒者热之,热者寒之"的原则来指导饮食:体寒者多食阳性食物,体热者多食阴性食物。

当然,这种阴阳平衡膳食模型还要与一年四季的气候相适应,不同的食物具有不同的功效,这些功效应该与四季气候的阴阳属性相配,因此不同季节应食用合适的食物。此外,中医还讲究补虚,虚症又分为气虚、血虚、阴虚和阳虚四种,每一种都有各自相应的进补食材。

饮食学家季鸿崑曾提出,烹饪界常说的"养助益充",即以植物性原料为主的膳食结构,实际上恰恰与中餐酒席南辕北辙,除素席以外的所有中餐酒席,均以动物性原料为主。与"养助益充"相比,中医里"以脏补脏"或者叫"吃啥补啥"的理念更为深入人心,因此无论是饮食还是治病,以动物内脏入馔、入药的菜谱和药方比比皆是。

元代宫廷食医忽思慧所著的《饮膳正要》可以视为中国古代第一部营养学专著。由于作者是蒙古人,所以书中食物均以牛羊肉为主。《本草纲目》中有不少药方即是食物,其中果、谷、菜达300余种,而禽、兽、介、虫达400余种。此外,明朝唯一一本官修本草《本草品汇精要》中也有大量的食物方,具有补五脏功能的食物共有42味,其中以畜肉类出现的次数最多,共10次;具有"补益"功能的食物共有40味,其中也是以畜肉类出现的次数最多,共9次。由此可见中医对动物性食品的重视。

尤其值得一提的是,传统中医观念认为产妇应该多补充动物性食品,因为它们多是"温热性"或"平性"的,而最好少吃蔬菜、谷物、豆类等食物,因为它们多属"寒凉";而孕妇的饮食则有诸多禁忌,许多植物类食品都不能吃,如木耳、薏仁、麦片、杏仁等,所以孕产妇只有吃肉以及精米白面才是安全的,大补特补。以今天的眼光来看,这些观念并不科学,与现代孕产妇保健知识相矛盾,它们在古代之所以流行,很可能是因为肉食和精粮太匮乏,平时吃不到,所以就找出种种理由让病人与孕产妇多吃点。当今社会,日常饮食已经非常精细和富足,但是传统的"慎吃青菜多吃肉"的观念仍深入人心,因此催生出大量的"三高"孕产妇。

六

上面说的都是"肉食美学",下面来谈谈"素食歧视"。有人会不服,中国历史上,吃素的人也不少嘛,梁武帝就是素食主义者。这个问题可以这么看:武则天是女人,但不能因此而认为中国历史上女性的地位就高。

食学家赵荣光曾考证过中国历史上的素食文化圈的形成:

> 大约是经历了东晋至南北朝这一段历史的3个多世纪的时间过程。其大致地域是黄河中游以下、长江中游以下的广大地区。素食文化圈的存在,是以释道教众为主体,广泛包括素食隐士、居士,各种类型的上层社会素食者及整个社会受素食观念与习俗影响而奉行素食主义的食者群。至于那些连免于饥馑都不敢奢望的广大饿乡之民来说,他们那种无可选择的糠菜蔬食状态,只能视为准素食主义的食文化现象。①

---

① 赵荣光:《中国饮食文化圈问题论述》,收录于《赵荣光饮食文化论集》,哈尔滨:黑龙江人民出版社,1995年版。

具体来说,中国饮食传统中主动选择素食主义的大致有三类人,由于他们选择素食的目的各有不同,所以在茹素的方式、严格程度上也略有差别。

其一是宗教素食。佛教出于慈悲护生以及减少情绪波动、淡化欲望的目的,提倡不食荤腥,"荤"是指有特殊味道的蔬菜,如大蒜、大葱、韭菜等;"腥"即是各种动物的肉与卵。一般来说,僧人的戒律非常严格;但是普通的佛教信徒则有很大的变通余地,比如可以吃"三净肉"、可以吃花斋,等等。

其二是养生素食。中医传统中,有一部分人推崇清淡少食的养生之道。《吕氏春秋·本生》有:"肥肉厚酒,务以自强,命之曰烂肠之食。"唐代名医孙思邈认为正确的饮食"厨膳勿使脯肉丰盈,常令俭约为佳"。

这些理论在文人士大夫的诗文中,也得到印证。白居易早年的诗作中有大量饮酒吃肉的内容,但到中年以后,他受到眼疾、足疾、风疾和肺渴等多种病症的困扰。后来他尝试通过节制饮食来治病。比如为了治风疾,他曾几度持斋,戒食荤腥。《仲夏斋戒月》中说,在戒腥膻三旬之后,"自觉心骨爽,行起身翩翩";在另一首诗他又提到,断"腥血与荤蔬"一个多月后,"肌肤虽瘦损,方寸任清虚",身体感到很舒适。这一类人选择素食主要是出于偶尔调养身心的目的,因此仅仅只是阶段性地茹素。

其三是精神素食。宋人汪信民一句"人常咬得菜根,则百事可做"流传甚广,"蔬食"于是由个人修养上升到政治的高度,"咬得菜根"甚至成为"修齐治平"的根基。对于治国平天下,南宋真德秀(西山)论菜云:"百姓不可一日有此色,士大夫不可一日不知此味。"罗大经指出:"百姓之有此色,正缘士大夫不知此味。若自一命以上至于公卿,皆是咬得菜根之人,则当必知其职分之所在矣,百姓何愁无饭吃。"

这一类素食者主要是通过茹素来表达其人生态度以及精神上的追求,现实生活中是否茹素倒并不太重要,比如李渔虽然认为吃肉会闭塞人心,使人变得愚蠢,比如老虎"舍肉之外,不食他物,脂腻填胸,不能生智故",但是他自己并不戒肉,比如他研制的八珍面,要用"鸡、鱼、虾三物之肉,晒使极干,与鲜笋、香蕈、芝麻、花椒四物,共成极细之末,和入面中,与鲜汁共为八种……鸡鱼之肉,务取极精,稍带肥腻者弗用"。(《闲情偶寄》)可见他骨子里并不认同素食,而是崇尚精致的肉食主义。

七

这样算起来,中国历史上真正的素食群体并不多,仅限于隐居山林的修行人、一心念佛的妇人或者吃不起肉的穷人,故而"素食"的文化意象往往与女性化、消极避世、身心孱弱等相关。

而"肉食"则代表了丰盈而积极的生活态度,它可以帮助主妇们塑造慷慨好客、善解人意的形象;它还可以冲淡女文青们的清冷气息。而女明星为了获得更广泛的观众群(比如女粉丝),亦需要添点阳刚之气,有时是通过名称,比如"范爷""周公子";有时是利用饮食,"我最喜欢回锅肉"。这一点在中国与韩国的饮食文化中颇为类似。《来自星星的你》与传统韩剧比起来,最大区别在于女主角不再是等待被救赎的灰姑娘,而是一个需要被协助而东山再起的女王,炸鸡和啤酒无疑是凸显强者气质的有力道具。

中国人越来越有钱,而我们的饮食文化仍然沿袭着传统的肉食美学与素食歧视,因此中国肉食消费量越来越高。早在1996年,营养学家葛可佑就提到,"我国城市学生脂肪能力的摄入量已接近高限,应注意控制不令其过多增长为宜。目前,我国城市中小学生肥胖的发生率为5.08%—9.98%……城市儿童一般不宜再增加富含脂肪的动物性食品。"①然而随着经济水平的提高,儿童肥胖问题变得越来越严重。首都儿科研究所的一项调查显示,2003年北京市低龄学童肥胖发生率为15.4%。中国疾控中心的一项研究应用11年的资料分析发现,成年居民牲畜肉类的消费平均每天增加了50—60克,这种状况无论对公众健康还是资源

① 葛可佑:《我国中小学生的膳食营养状况》,《营养学报》,1996年,18(2):第129—133页。

环境都已造成沉重的负担。

《基于营养目标的我国肉类供需分析》①一文对营养目标下的肉类供需状况进行比较和效益分析。结果显示,2020年,基于营养目标的肉食需求要比非营养目标的肉类需求每年节约饲料粮食0.81亿吨;节约水源1 478亿吨(这个数字还未包括牲畜粪便污染的水资源和屠宰、加工等环节使用的水资源);节约耕地面积850万公顷。基于营养目标的肉类需求还有利于生态和环境保护,每年可减少畜禽排泄物8.07亿吨;减少甲烷排放量226.18万吨,减少氧化亚氮排放量24.29万吨,有效地实现了节约资源及保护生态和环境。

不过,涉及饮食问题,营养学家什么的,通通都得靠边站——我的外公外婆都患有"三高",医生嘱咐他们饮食要清淡,但是每逢节假日,几个子女都比赛似的拎着大包甜点与肉食去看望他们。二十四孝故事里,可没有哪个孝子让老人吃青菜豆腐,谁愿意顶着"不孝"的名声去谨遵医嘱呢?而老人家也总是一脸慈爱地往晚辈碗里大块夹肉,于是我那20几岁的表弟,也成了高血压患者。

(原载于《文汇报》2014年9月21日,本文有修改)

---

① 司智陟:《基于营养目标的我国肉类供需分析》,中国农业科学院博士学位论文,2012年。

2. 世界这么乱,装纯给谁看

一

女儿5个月大时,我们开始给她添加辅食。本来以为是件小事,但是从第一步"食材的选择"开始,就陷入困惑。去一家母婴店买米粉,店主推荐了一个国产品牌,"宝宝喜欢这一款的口感! 回头客蛮多。很多人一开始买国外牌子的米粉,孩子不爱吃,后来都换成这一款了。"我毫不犹豫地买了一盒。回家后拆开一袋,怕她吃不完只做了半碗,而她一口气吃完后还是一副意犹未尽的表情……不是说吃辅食要有逐渐适应的过程吗? 不是说一开始只能吃几口吗? 再联想到店主所说的"口感超好",难道米粉里添加了香精? 上网查,没有查到任何一条关于这个品牌的评论。胆小如我,只好放弃米粉,打算给孩子熬米汤。家里恰好有亲戚送来的泰国香米,孩子她爸却说,别用香米吧,有香精。我不信,大米原本就有谷香,还需要用添加剂吗?

事实证明，我对食品添加剂的想象还是太贫弱了。婴儿食品里添加香精，大米里加各种添加剂，都是再正常不过的事情。《舌尖上的毒》①这本书里，一位食品行业的技术人员谈到婴幼儿奶粉时说，"'适口性'实际上是通过香精来实现的，某种意义上就是让婴幼儿被'绑架'……"婴儿奶粉的管理比米粉更严格，既然奶粉可加香精，那米粉就更不用说了。"每当看到小孩子特别喜欢吃某种零食时，他就坚决反对，他会给孩子的家长建议孩子别多吃。自己20多年食品行业积累的经验是，某个食品只要你特别喜欢吃，就不符合自然，先停一段时间再说。"

大米里添加香精也是有的。比如，业内人士估算全国市场上的"五常香米"产量大约是黑龙江五常本地每年大米产量的十多倍。当地加工企业实际上是用周边城市，甚至江苏等地长途运来的米为原料，以真正的五常香米为调料配制而成。如果普通米比例太大，那么香米之味就近乎无了，这时候就需要香精助阵。

当然，这是非法的。如果运气好，或者了解一点食品安全常识的话，我还是有可能侥幸买到不含香精的大米。但是，事情并没有结束。因为大米里还有合法添加剂：双乙酸钠（防腐剂）、壳聚糖（主要是给大米抛光、煮出来口感黏

① 曹永胜：《舌尖上的毒》，北京：中国人民大学出版社，2012年版。

22

稠,看着很光鲜)以及淀粉磷酸酯钠(用于大米制品,比如汤圆和米粉中,起增稠作用)。据说大米中是否应添加防腐剂,曾经存在争议,后来考虑到南方湿度大,储存更困难,且国有粮库的储备粮放置时间可能达到两年或三年,因此在2011年,卫生部发布的新版《食品添加剂使用标准》里,大米被允许使用防腐剂。

而我第一次知道这个标准,是在2015年。倘若不是为了研究孩子的辅食,恐怕再过几年也未必会知道大米里究竟添加了些什么。

二

我并非不能接受添加剂,而是沮丧于这样的现实:尽管超市货架上的商品多得能够让人产生选择焦虑症,但实际上,个体对于自己的饮食生活是毫无选择权的——我所能选的只是"A明星、B明星或者AB代言的"大米品牌,但是根本没法选择这些大米要不要加防腐剂。这就意味着,我对食品添加剂的认识应该改变了。如果一个问题只是偶尔发生、零散地出现,那么我们或许可以从制度层面、法律层面探讨如何解决;但如果一个问题从古至今一直存在,并且具有群体性发作的特征,那么这个麻烦必定要上升到人性的高度来考虑——比如小三问题和食品添加剂问题。

在我们的印象中,日本人对食物品质的要求很高。但是日本的食品添加剂男神安部司在书中讲了一个例子,足以纠正这一看法。由于消费者经常抱怨"明太鱼子添加剂太多""颜色看起来像有毒,不喜欢"等,因此他花了一年时间艰难地研制出完全不含添加剂的明太鱼子。然而出乎意料的是,新产品完全卖不出去。消费者们纷纷皱眉头,"为什么这么贵?"他解释,因为它是低盐而且不含添加剂的。不能久存,所以请放在冰箱冷藏室,尽早吃完。然而顾客并没有因为它不含防腐剂而欣喜,而是继续皱眉,"那很麻烦啊!别家的在冰箱里明明可以放10天",并且还嫌弃它"颜色好暗淡",他解释,因为没有用色素;"味道也不好",他解释,因为没有香精,是用海带调味的……顾客们尝了一口之后,依旧去买含有添加剂的鱼子。最终,"无添加"的鱼子卖出两份,共2 000日元;而同一商场里另一家含有添加剂的鱼子一天的销售额是15万日元。啊,多么痛的领悟!他以为人们要的是"安全、天然、健康",而实际上人们要的是"方便、保质期长、鲜艳、便宜",并且味觉已经被香精驯化。

　　好吧,必须承认,我对"纯天然"的爱好,也属于叶公好龙。孩子一岁时,我开始上班。工作的繁忙导致我对食品的底线越来越低:只要不是明显致癌或者有毒的食品,基本上都喂给娃吃过。比如超市里的面包,此前我不愿意买,因为没有添加剂的面包根本没法在超市卖,一天用不了就会变干变硬,两天就要生霉,而且口感差,缺乏弹性。现在的面包中几乎都要添加面粉改良剂(氧化剂和抗坏血酸)、面包改良剂(硬脂酰丙酸钙等复配乳化剂,还可能有酶制剂、植物胶、改性淀粉等)、防霉剂(丙酸钙或丙酸钠),此外还常有香精、色素、甜味剂、增味剂、酵母营养剂等。① 但是现在,我已好久没有使用自家的面包机了,都是去超市买。

俞为洁老师在《中国食料史》②中提出:"总体而言,人类的食谱是在逆向演化,食物原料日益单调和低质。"在漫长的历史进程中,人类的主流梦想应该是"以尽可能少的土地、尽可能少的劳动力换来尽可能多的稻麦蔬果、桑麻牲畜",因此必然会越来越依赖那些特别高产的作物,于是其他的作物品种渐渐消失。单调的食材,必须依靠各类调味品来丰富其味道。农业时代的调味品还主要是依靠各种植物,比如董小宛的厨房里,有秋海棠、梅英、野蔷薇、玫瑰、丹桂,以及甘菊之属"至橙黄橘红、佛手香橼";画家卡尔拉松家的调味料有七里香、墨角兰、三叶草、薄荷、山葡萄。而工业时代,发达的生物化学工业可以模拟各种口味,廉价而高效,于是伴随着食材种类的减少以及人们对饮食的色香味需求的提高、节省时间与经济成本的诉求,必然导致食品添加剂的大量使用。

---

① 魏世平:《餐桌上隐藏的危险》,北京:东方出版社,2012 年版。
② 俞为洁:《中国食料史》,上海古籍出版社,2011 年版。

三

现在看到"纯天然",我反而觉得不适应。我甚至为那些标榜"本品不含有任何添加剂和防腐剂"的食品生产厂家而脸红——连大米和面粉都能够合法加入好几种添加剂,您这样写真的合适吗?有一次,我在网上买了一套幼儿布书,广告上标明了染色是用"食品级别的纯天然植物染料",到货后发现,布书的颜色饱和度很高、非常刺眼,而且无论怎么洗根本不褪色,总之,没有任何迹象表明它们用了"植物染料",但是看评论,并没有顾客介意这些。于是我明白了,"纯天然"实际上已成了客套话,说的人也就是随口一说,而听的人也并未当真。

倒是某些标有"本品不含某具体成分"的食品,显得更有诚意。比如有一次去超市买调料,看到某盒豆瓣酱上标明"本产品不添加黄原胶",并且还用红色边框突显出来。黄原胶在食品配料表上很常见,我印象中似乎也没有关于它的负面新闻,那么这盒豆瓣酱为何要急于和它撇清关系?查了查资料,黄原胶无毒,在体内不参与代谢,也无蓄积性。各国的食品安全法对它都比较客气,仅仅是欧盟和澳新管理局对黄原胶在婴幼儿饮食中的添加量定了上限值。既然如此,"不添加黄原胶"何以能成为一个卖点?后来才知,黄原胶固然无害,但是它"能够增加食物的黏稠度和弹性,使食物的口感更好,同时增加食品的卖相"。这就意味着,它可以将二三流的食材化腐朽为神奇,让它们的成品变为一流。难怪那一盒豆瓣酱要义正词严地与黄原胶划清界限。

四

真要想过上纯天然的生活,还是要靠自己努力。在这个年代,仍有人为了天然健康的饮食方式投入全身心的努力。比如"IT夫妻田园山居生活"以及"70后夫妻安家终南山",为世人奉献了清新的自给自足的小农生活画风。

或者,也可以待在城市里。最近看到一篇《女人的厨房成功之路与很多梦想一致》(作者Vivien),这标题,简直是毫不伪饰的"让女人回归家庭"的居心。不过文章所述并非夸大其词:如果想让一家人吃得放心、美味和营养,那么确实需要一位受过专业教育的,而且综合素质过硬的全职主妇或者主夫。你应该知道自己所用的酱油是哪种酿造方式,"不同的发酵方法会促成不同的风味,比如,因为含有呋喃酮和吡嗪类化合物而带有烘烤味,因为有马尔托环醇而含有甜味,因为有硫化物而带有肉味"(但我认为更重要的是,首先得确保酱油的安全。酱油一般采用豆粕或菜子粕为原料。但是有些企业为扩大原料来源,降低成本,违法使用毛皮下脚料、毛发等动物性蛋白进行水解,生产食品加工用蛋白调味液。由于这些动物性蛋白原料中脂肪含量更高,酸水解产生的蛋白调味液中极容易形成高水平的氯丙醇,它会引起动物肝、肾、甲状腺、睾丸、乳房等器官的癌变①……扯远了,再回到厨房),你要清楚"放在你早餐桌上的那枚鸡蛋是否来自食品安全追溯系统——这枚鸡蛋来自哪个养鸡场的哪个鸡舍,这些产蛋的鸡吃了什么饲料,饲料的供应商是谁";你要确保储物柜中有"裸麦粉、糙米、小麦胚芽"以及"枫糖、初榨黑糖、海盐"(为什么不选精米白面以及白砂糖、普通食盐呢? 此处省略 1 万字)。

然而这些例子,反而向我证明了"纯天然"的遥不可及。无论是隐居终南山还是回归高品质的厨房,这样的生活,对物质积累、知识储备的要求都不低,并且还需要有强大的内心,能够优哉游哉地游离于主流生活之外,因此效仿难度太大。

五

以下这类新闻,大家估计都很眼熟:

① 丁晓雯,柳春红主编:《食品安全学》,北京:中国农业大学出版社,2011 年版。

春天　2005年4月22日，一个长30米、宽6米、高30厘米的"世界第一大蛋糕"，在海淀展览馆亮相。总共用了5吨蛋糕胚，3吨名品植脂鲜奶油，还有其他大量配料，整个蛋糕将近9吨。近百位师傅策划了20天，蛋糕在北京现场制作了两天两夜。除蛋糕胚外，所有材料都是空运过来的。不知这个蛋糕结局如何，我只查到另一个巨型蛋糕的命运：巴黎曾制作了一个7.8米的蛋糕，花费了628千克面粉、508千克糖、350个鸡蛋以及18千克黄油。仅推出一天就变软融化，然后被用作肥料。

夏天　2015年6月27日晚上，一场湿身派对在广州十号体育公园举行。600多名参与者用装满啤酒的水枪在绿茵场上展开一场"枪战"。据悉，当晚有近10吨的啤酒被装进水枪中，青年男女手持水枪相互射击，游戏不分胜负，旨在让参加者从日常的工作、生活压力中解脱出来，尽情玩耍。

秋天　2015年10月23日，扬州4 192千克重的"最大份炒饭"刷新吉尼斯世界纪录。当日11时30分，新纪录结果宣布后，这份含有海参、干贝、虾仁、鲜笋等食材的炒饭被工人任意踩在脚下，大量成品被装进垃圾车运走。

冬天　2005年2月20日，辽宁沈阳市街头出现了一只重达4吨的大元宵。这只元宵用去糯米1 420千克，果仁馅380千克，由10位师傅历时15天在露天制作而成。但这个大元宵没有更大的锅来煮熟它。而且，大元宵从制作到展览都是在露天进行的，也没人愿意再享用它，只能一弃了之。

我想起政策制定者最终允许给大米添加防腐剂的理由是"考虑到南方湿度大，储存更困难，且国有粮库的储备粮放置时间可能达到两年或三年"，而这几个例子告诉了人们：为什么我们需要储备那么多粮食。"春耕夏种，秋收冬藏"已经离我们很遥远，取而代之的是春天扔蛋糕，夏天射啤酒，秋天倒炒饭，冬天弃元宵。这些新闻固然令人反感，但换个角度看，它们又像是以行为艺术的方式来表达我们日常饮食生活中的丰盛和空虚。在巨大的浪费面前，人们对"纯天然"的诉求、对食品安全的抱怨，似乎都底气不足了。食物如果会说话，它们大概会感慨：世界这么乱，装纯给谁看？

3. 昙花一现,民国素食主义

一

在中国近代的科学史里,国人基本上扮演着学生的角色,全面学习西方科技文化。但是在后世学者的考证中,情况渐渐变得复杂起来,在某些领域,很难说谁是学生,谁是老师。比如营养学领域。

19 世纪末 20 世纪初,西方人平均肉食摄入量较高,因食肉过量而引起的疾病案例非常充足,所以西方营养学家纷纷着手研究肉食的危害与素食的利益。然而当时中国有百分之九十的人仍处于"果腹层",常年以蔬食、杂粮为主,这在西方科学家眼里俨然成为难得的研究范例。

北平燕京大学生物化学教授 William H. Adolph 所著的《素食的中国》指出:

中国百分之九十几的乡下人，几千年来素食的习惯就一直没有改变过。这种农业基础的营养平衡状态，正是营养学家的绝好的研究资料，况且随着现代世界经济状况的急剧变动，这种机会稍纵即逝……总结一句，中国人凭数千(年)来的经验，已将他们的食物问题解决得很圆满了，经济上既值得称赞，使用方面也没有遗憾。

在20世纪上半叶，当西方的科学与文化全面冲击中国社会时，中国传统的素食文化忽然被笼罩上一层新的光芒。

中国传统的素食主义主要缘于宗教、养生与修身养性三方面，而西方素食主义同样具有悠久的历史。在西方，毕达哥拉斯一般被认为是第一个规定信徒要吃素的思想家。他相信人类与动物灵魂有相同的构成、非暴力是必需的。柏拉图构想的乌托邦社会也是素食的，一方面他认为素食比较健康，另一方面他意识到素食会导致较有效率的土地利用方式。波菲里则认为动物拥有知觉、理性与记忆力，我们没有理由对其他活生物使用超出我们安全与生存所需之最低程度的暴力。到了中世纪的文艺复兴时期，非人动物的处境却恶化了。笛卡尔宣称，动物既没有意识的能力，也没有感觉痛的能力。不过这一论点引起很大争议，莱布尼兹、休谟与卢梭都在一定程度上承认了动物具有灵魂、情感以及知觉能力。自启蒙运动以降,越来越多的个人及团体公开地、示范性地宣示他们对非人动物的同情心,以及其对素食主义的拥护。

从19世纪开始,英国与美国的基督教教会牧师推行了一系列的素食活动,这些活动总体而言是非常小众的。直到19世纪70年代,两件事情提高了素食的存在感。一是《适于一颗小行星的饮食》,它把饮食问题与全球影响联系起来,使受众把注意力集中在肉类生产对地球环境所产生的负面效果上。这一著作对人们看待饮食方式的态度上产生了很大影响。另一本则是1975年彼得·辛格《动物解放》的出版以及各类动保组织的成立,促使人们将注意力集中到工厂式农场工业对动物的影响上。由于西方素食主义在很大程度上是基于动物伦理的考虑,因此在茹素方式的差异上,主要体现在"避免食用动物产品"的严格程度上。有些人会选择避免食用某些种类的肉食或者选择一周一次的茹素频率;有些人选择蛋奶素(对于动物类食品只选择蛋和奶或者是其中一种);而有些绝对素食者则会在购物时认真阅读标签,以避免任何一种含有少量未明确注明出处的乳浆、酪蛋白或添加剂的食品。大体而言,健康、饮食方式对环境的影响、工厂式农场方式的非人道做法是西方素食者群体选择素食的三大原因。

二

到了 20 世纪上半叶,当中国的素食主义者与西方的素食主义者相遇,两者产生了奇妙的化学反应。首先,西方人建立在动物生理学、伦理学基础上的素食主义给中国传统的宗教素食提供了新的力量。民国时期的素食主义者并不拘泥于旧的宗教教条,而是宣扬西方的普世情怀。

如《青年进步》上载有"前浙省教育司长、现参议院议员"沈衡山在 1924 年的一篇演说稿,"且不论佛家戒律如何谨严,就是儒家也有'君子远庖厨''闻其声不忍食其肉'之说。上海租界巡捕禁止倒提鸡鸭;瑞士宪法第二十五条规定'禽兽之杀戮,不使于流血之前气绝者,永禁止之。'并声明是项规定,'于各种杀法及各种禽兽,一并适用。'可见虐待生物,为古今世界人人心理之所不许。"又如"牛马驼类,载重力役,耕犁戽水。蛙类捕食蝗螟。食之,或者有于例禁,或者太冒社会生产条件上之不韪。与肉食中,尤属近于悖妄之行为。更不能借口营养而自啖嚼。"

当时宗教界人士也积极与西方的动物保护思潮接轨。弘一法师曾经为《护生画集》中的"农夫与乳牛"一图配诗曰:"西方之学者,倡人道主义。不啖老牛肉,淡泊乐蔬食。卓哉此美风,可以昭百世。"

佛教杂志《觉有情》提到了起源于美国的"反屠主义":

兄弟的素食既不是卫生素,亦不是佛教素,兄弟自认为吃哲学素。哲学素的意义,就是以"反屠"(Antislaughterism)为主旨。这个名称是在美国起出来的,因为美国芝加哥市有一所世界闻名的大屠宰场,每天总有大批畜牲被其屠杀,看了真令人惊心动魄、惨不忍睹,所以我们提倡"反屠"主义,来反对这种残忍的屠杀;来反对人类模仿无知畜类弱肉强食的兽性行为。

此外,当时还有宗教人士创办的"世界提倡素食会",颇有"价值观输出"的进取心。《素食会十周年纪念感言》里写道:

世界提倡素食会每月十日做一次素食聚餐,并有修持讲习的课仪。十年以来,未曾间断。这种精神和毅力都足以预兆未来的发展和成功。而为促进世界文明的嚆矢,我们希望同样性质的组织和活动,迅速地普遍于全世界各城市,都能历久弥坚的来完成他的使命。那么离"大地哀号"的消除,人类文明的演进也就不远了。

三

但是根据当时中国特殊的时代背景，反屠主义与护生思想显然不及达尔文的生物进化论更受大众欢迎。《晦鸣》杂志上有这样的反驳：

> 人食人一层，原始时代是有的，并不算奇，也许千百万年之后再会发现，视为常事，亦未可定。杀人与食人，结果同是置生命于死地。现在杀人是一件最平常的事，现实有闻见过没有？……博爱人道，是人类拿来自己慰藉的名词，只有字典中可以找得着，近世粮食观念中已没有他的地位了……为着自己为着其他的关系，我们都要开一条杀路来安定我们的生产，这是人类生产上的必要行为。

虽然当时中国也有人质疑过生物进化论的社会影响，却是以失败告终。"五四"前后，文化界有一场著名的"东西文化论战"。争论双方的代表人物分别为杜亚泉和陈独秀。杜亚泉通过对生物进化理论发展的研究，认为达尔文的学说"由马尔桑斯①之人口论推演而来"，强调生存竞争

---

① 一般译为马尔萨斯。Tomas Robert Malthus(1766—1834)：英国人口学家和政治经济学家。

和自然淘汰,还有斯宾塞的进化说,虽然不同于纯粹的生物学原理,但二者都是"唯物论"的进化说。正是这种"唯物"哲学,大大释放了人类的贪欲。如他所说,19世纪后半期以来,"以孔德之实验论启其绪,以达尔文之动物进化论植其基,以斯宾塞之哲学论总其成"的"唯物论哲学"带来一股"物质主义之潮流",逐渐向世界弥漫,以致形成一种"危险至极之唯物主义"。其危险性在于"一激进人类之竞争心,二使人类之物质欲昂进,三使人类陷于悲观主义"。

而陈独秀则认为:"宗教之功,胜残劝善,未尝无益于人群。然其迷信神权,蔽塞人智。是所短也。"生物进化论和人权说、社会主义学说三者并列为"近代文明之特征"。从拉马克到达尔文,"生物进化说"的重大意义在于改变了欧洲人笃信创造世界之耶和华、不容有所短长的观念,使"人类争吁智灵,以人胜天,以学理构成原则,自造其祸福,自导其知行",人类的自主性和理性一旦被激发出来,科学文明由此而生。论战的结果一般认为是"科学派"取得了胜利,杜亚泉以"调和论"者的形象黯然退场。

总之,当时中国人引进西方动物伦理学来宣传素食的尝试是失败的。不仅如此,中国旧有的宗教观念也受到压抑。陈独秀有言"要拥护那德先生,便不得不反对孔教、礼法、贞洁、旧伦理、旧宗教。要拥护那赛先生,便不得不反对旧艺术、旧宗教。要拥护德先生又要拥护赛先生,便不得不反对国粹和旧文学。"此种思想在当时文化人中，颇具代表性。

正是由于这样的原因，当时的"进步人士"在提倡素食时，往往首先要强调一句"因为科学，无关宗教"，即使是宗教人士，也大多从西方的"平等、博爱"之精神入手来推行素食观念。民国女子吕碧城还在少年时，曾见沪报刊登伍延芳建立"蔬食卫生会"，就致函伍公："陈卫生义属利己，应标明戒杀，以宏仁恕之旨。"伍公复函，谓原蕴此义，唯恐世俗斥为迷信佛学，故托卫生之说，以利推行云云。这些细节颇能反映当时人们对科学的崇敬以及对传统宗教的避讳。

一方面，旧伦理与宗教迅速被革新，另一方面，普通大众在国弱家贫的环境下又难以接纳"博爱人道"的新价值观。因此基于动物伦理角度的素食宣传在当时基本上是无效的。

四

宗教素食是行不通了，那么养生素食呢？中医的"素食养生"观念与西方营养学的观念几乎是无缝对接上了。孙中山在《建国方略》上宣称："中国常人所饮者为清茶，所食者为淡饭，而加以菜蔬豆腐。此等之食料，为今日卫生家所考得为最有益于养生者也。"又曰:"夫素食为延年益寿之妙术,已为今日科学家、卫生家、生理学家、医学家所共认矣。而中国人之素食,尤为适宜。"

然而,当时西方所流行的"素食有益"的营养学观念是以西方发达国家人均肉食摄入量太高这一现状为基础的,但中国的国情却完全相反。"盖农家禽畜产品多用以售换他物,惟逢年过节等非常场合,始一肉食耳。……植物性食物占百分之九十八,动物性食物仅占百分之二点三,较之美国农人动物性食物占百分之二十,迥不相同矣。"①

由于饮食结构不同,流行病谱也不一样。如《卫生报》载文:"英国之痛风症,向谓酒毒所致。今则知其生于肉矣。又饮茶食肉,能致肾脏炎。疝肿症亦原因于猪肉。缘肉食能弱人体反抗癌肿之力故。也因肉食者,能使体中尿酸增加,血行迟钝,失其向脑循环之常态。则癫痫症于是而起。"《晦鸣》记载:"还有他们(德国)许多科学家看见有一部分富有阶级食肉过度,发生结肠之病,所以有人提倡素食……乃因为植物多含粗纤维,大肠的向下伸缩作用,时时赖着它来刺激,所以不会有结肠的毛病,动物则

---

① 沈宗瀚:《中国粮食之生产与消费》,《粮情旬报》,1948 年第 327 期,第 1—3 页。

少此种粗纤维,吃下没有多大渣滓,不能引起大肠的伸缩缘故。"而中国的情况,《中国粮食之生产与消费》一文提到,就营养观点而言,"国人膳食与欧美人士较,则嫌量多而不精,油脂较少,此较不易消化,易损肠胃,我国人多肠胃病,此亦原因之一"。

在这样的背景下,增加肉类的供给自然成为当务之急。谈及今后的粮食生产方针,沈宗瀚提议我国农业的发展方向是"① 增加肉、鱼、卵等畜产,以增加钙素、脂肪以及高级质量之蛋白质。② 增加谷类食粮之生产,改进牧地及牧草,以充裕饲料而增加畜产。③ 与其直接应用大豆、棉籽、菜籽、花生等油粕为肥料,不如先用以饲畜,而应用厩肥……"在其所列的 11 条变革意见中,前 3 条都与畜牧业相关。

在营养学方面,科学家也希望能够缩小国人的饮食与西方的差距。1926 年,中国生理学会开会决定与博医会合作,成立一个研究中国人新陈代谢的委员会,在沈阳、北京、济南、上海、香港等地分区对华人的"基础代谢诸问题"进行研究[①],膳食调查便是其中一个内容。严彩韵和吴宪等在北京对普通人的饮食进行了大量调查,并将调查结果与当时国内外其他类似调查及动物实验的结果进行了综合分析和

---

① 曹育:《民国时期的中国生理学会》,《中国科技史料》,1988 年,9(4),第 21—31 页。

研究。结果表明,华人膳食中蛋白质摄入量虽然不小,但品质高的动物蛋白仅占摄入蛋白的十分之一,远小于西方人(以美国为代表);华人每日摄入的钙、磷也比西方人少,并有缺乏维生素 A、D 的可能。他们进而认为,正是因为膳食不良,导致各种营养不良病在中国的流行;中国儿童生长迟缓、中国人体格矮小、精神差、死亡率高,亦与膳食似有密切关系。①

五

事实上从后来的研究来看,当时的营养学观点仍是有待商榷的。比如对植物蛋白能否完全取代动物蛋白,目前的营养学界已经给予了认可,美国膳食协会关于素食膳食的观点认为"仅靠植物蛋白就能提供足够的必需氨基酸和非必需氨基酸,前提是植物膳食蛋白的来源要多样化,热量能满足人体需要"。②

此外,当时也有中国营养学家认为,肉食摄入量并不是越大越好。比如有人研究了过量摄取动物蛋白质对健康的

---

① Hsien Wu and Daisy W. Study of Dietaries in Peking. *Chinese J. Physiol.* Report Series, 1928, No. 1, 135－152.

② Havala S, Dwyer J. Position of the American Dietetic Association: Vegetarian diets. J Am Diet Assoc. 1993, 1317－1319.

影响,陈朝玉等称:以瘦牛肉为食物中唯一蛋白质来源之白鼠,其寿命较短,高蛋白犹然。[①]

营养学家郑集还提出,较之物质匮乏,中国人膳食习惯更大的缺点在于营养知识的缺乏。比如"吾国一般人家之膳食,除饭或面食外,每餐仅一种或两种蔬菜,故配合方面略嫌单调,不能收食物相互间之补赏作用,普通人家膳食配合之太单调,已无疑问,即宴会时之盛筵,表面上看来看类甚为繁复,但究其材料,十九为肉类,在食物经济与营养配合上言仍极单调,有违营养原理""若谓吾国营养不良全由于经济缺乏关系,似未必然。……富裕人家之儿童,其健康常不及穷人之儿童,即可证明营养之优劣不全由于经济之丰歉,故营养问题一半为经济的,一半为教育的。"他充分肯定大豆蛋白质的意义,认为利用我国产量丰富的大豆能够最有效地解决我国人民膳食中蛋白质质量欠佳的问题,改良我国人民的膳食结构。

竺可桢从土地利用、人口增长压力的角度考虑,认为素食更有利。"各国人口,百载而倍之。苟无战争疠疫以消灭其赢余,无殖民地以散布其子孙,则欲饱食暖衣,势不得不尽垦畜牧场以树艺五谷棉麻等。是故世界今日之趋势,为止肉食而进于蔬食也。故维耳休(Virchow)曰:'将来之世

---

① 郑集:《郑集科学文选》,南京大学出版社,1993年版。

界,一蔬食世界也。'"①

六

但是饮食问题从来都不是单纯的科学问题,在当时的中国,它还与民族情感紧密联系在一起。营养学家吴宪等人的工作,不仅仅在于其科学意义,更体现出特殊的政治意义与民族精神:"中国人的身体素质弱于西方人,主要是因为营养不良,而与'人种优劣论'无关"。在一次分配战后救济物资的会议上,美国卫生当局有人提议给中国儿童豆粉即可,无需提供奶粉,声称中国人的肠胃只适应于素食。吴宪闻之极为愤怒,当场予以驳斥。在他的据理力争下,后来联合国战后救济总署派遣到中国的运送救援物资的船上都载有奶粉。②

看到这条史料,我忽然想起微信上的一个"素食妈妈群",越来越多的母亲因为担心买不到好奶粉或者不放心牛奶中的激素、抗生素以及其他潜在风险,因此纷纷从海外直

---

① 竺可桢:《食素与食荤之利害论》,《科学》1917 年 12 月 3 卷 13 期,第 1319—1328 页。

② Daisy Yen Wu:Hsien Wu, p.7. Daisy Yen Wu:Hsien Wu, 1893—1959. Boston, Massachusetts. 1959(非卖品,由吴瑞先生赠送给曹育)。此据曹育:《杰出的生物化学家吴宪博士》,《中国科技史料》,1993 年第 14 卷。

邮豆奶粉。历史在某些时候,就是轮回。

　　抛开科学家们的争论不谈,普通民众显然更偏爱肉食。由于国民普遍肉食量较小,因此有人对于素食的提议颇为反感,"在事实上来观察,贫乏的国家实在吃不起肉类,这是当然的事情,用不着我们的和尚国民来提倡,不过肉食的利害是一件事,购买力薄弱不能食肉又是另一件事,不能混为一谈。"①

　　如果再考虑到肉食在中国传统饮食文化中的特殊意义,那么素食观念就更加难以被国人接受了。比如梁实秋与夫人季淑平时喜食素,但是一旦有客来,也会下厨作"生炒鳝丝","事实上若非文蔷远路归宁,季淑亦决不烹此异味,因为宰割鳝鱼厥状至惨,她雅不欲亲见杀生以恣口腹之欲。我们两个在外就膳,最喜素菜之家,清心寡欲,心安理得。她常说:'自奉欲俭,待人不可不丰'。"

　　综上,尽管西方营养学家对于中国以植物性食物为主的饮食习惯颇为认可,并且也从现代营养学的角度分析了素食的益处,然而在当时的时代背景下,这种饮食观念并不被广泛接受。

　　民国的素食主义,就只能这样昙花一现了。

---

①　家伟:《非素食:食的研究之二(附表)》,《晦鸣》,1930 年,1(7),第 3—4 页。

4. 母乳二则

一、高等动物的代价

"海外代购奶粉"几乎是一件与走私毒品一般高难度的事情。大家喜欢把一腔怨气发泄在不争气的国产奶粉身上。但是当身边的女孩子纷纷为人母,而我自己也怀孕之后,我的关注点改变了:为什么母乳产量越来越低?各种育儿书看得人眼花缭乱,但有一条是没有分歧的:母乳喂养好。而从国情来看,从1998年到2014年,中国的母乳喂养率从67%下降到27.8%。这种转变在一定程度上固然要归因于奶粉企业的大肆扩张,但是对比一下"别人家的母亲"就会发现,亚洲有一半以上的国家比中国的母乳喂养率要高。因此,与其说我们遭遇了"奶粉荒",不如说是"母乳荒"。

母乳荒的形成,部分原因在于营养知识的缺乏。人类漫长的进化已经使得孩子与母亲之间配合得天衣无缝:产妇在产后3天内母乳分泌量少,所以新生儿会在孕晚期储备足够的水分和营养物质,这个储备可以维持72小时左右。但是很多人会担心自己的娃没吃饱,所以一出生就喂孩子大量奶粉,破坏了母婴之间的供需平衡,且最初的奶粉过度喂养会使得婴儿吸吮次数不够,无法激励母亲产奶,导致以后的母乳道路愈发艰难,多数人干脆放弃母乳喂养。

当然,这大概不是最主要的,因为从前的人对这类理论闻所未闻,却大部分都是母乳喂养。我觉得更具有决定性的原因在于:在这个时代,母乳喂养的成本和短期内的收益不相符。我们所处的社会,普遍认为家庭主妇的安全感和人生价值要低于职业女性,因此哺乳与工作相权衡,人们宁愿牺牲前者。一位新妈妈能够长时间在家喂养孩子并不是一件值得夸耀的事情,因为这意味着她没有工作。大家更推崇的方式是:产妇休完几个月产假后,就回到工作岗位,孩子则交给长辈或者保姆看管。也有些职业女性顽强地兼顾喂奶与工作,其中艰辛非亲历者难以体会。有一位母亲休完产假后第一天上班,一直担心孩子饿,下班后为了能快点赶回家,居然在马路上脱掉了高跟鞋,赤脚跑回去。再比如,由于大部分单位没有哺乳室,因此母亲们只能在洗手间里挤奶,然后装进储奶袋,带回去给娃喝。某论坛里还有人很学术地讨论:隔间里如果有人正在方便,那么微小颗粒、细菌之类的玩意是否会漂到吸奶器或者储奶袋中?

手头一本育儿书中写道：母乳中大概有 400 种营养物质是配方奶粉里没有的；吃母乳的时间越长，孩子的智商优势就越明显……照这样看，那些放弃母乳喂养的人岂不是很傻？非也。有一个心照不宣的原因是：尽管母乳宝宝的智商、情商、身体免疫力等方面比奶粉宝宝具有潜在的优势，但是这些优势能否转化成他们将来人生道路上的竞争力，似乎并不确定，大家在乎的是那些更为强势的差异。比如说，地域之间的高考分数线差异；孩子是否能考上重点初（高）中……而这些，都与家长的经济状况、社会地位更加相关。所以大部分母亲为了早点回归社会、重新积累资历与财富，不得不早早给孩子断奶。至于父亲呢？考虑到现在的离婚率之高以及新婚姻法种种规定，或许还是职场更让女人有安全感。

也许正是在这种危机感的鞭策之下，我国接受高等教育的女性人数持续增加。华中师范大学 2014 年招录的新生中，男女生比例甚至接近 2∶8。

这同时也意味着，女性在就业市场上的竞争会越来越激烈。即便没有家庭与孩子的拖累，女性想要找到或维持一份满意的工作都不是一件容易的事情，所以大部分女人只好适时抑制自己的母爱，以期在社会上占据一席之地。2015 年 12 月有一则新闻：武汉一位海归女博导，刚生完孩子 10 小时后，就赶到湖北省引进海外高层次人才"百人计划"评审现场,坐着轮椅、带着产妇帽参加答辩。

在自然界,荣升父亲的雄性动物一般负责捕食,而身为母亲的雌性动物则专心哺育后代。但人类经过漫长的进化,发展出了一种"既要哺育后代,也得参与捕食"的超人母亲模式。可敬,亦可怜。或许这就是身为"高等动物"所必须付出的代价吧。

(原载于《文汇报》2014 年 11 月 5 日)

二、少年的饮食心事

与儿童有关的新闻一旦出现,几乎都是负面事件。童书绘本《我为什么讨厌吃奶》便获此殊荣。第一次见此新闻,我匆匆看了一下评论以及那几句备受争议的文字,便以为这是某出版商的低劣之作。"不买这本就行了呗,反正童书那么多。"隔了几天,忽见朋友圈里一位文青好友转发了此绘本。我这才认真看了一遍,看完后,完全理解好友为什么会喜欢这本书。她的儿子一岁半,现在正处于断奶期,睡前她对孩子说:"奶给邻居家的弟弟了。弟弟太小没有牙齿只能吃奶,你有牙齿了,可以吃饭。"孩子摸摸自己的小牙,静静地睡着了,眼角却挂着泪珠。《我为什么讨厌吃奶》把那种既懂事又脆弱、既好强又依恋的断奶期孩子的感情,很贴心地表达出来了。

大人为什么会觉得这是一本有伤风化之书？毕飞宇的小说《哺乳期的女人》回答了这个问题。七岁的男孩旺旺和爷爷一起生活，爸妈在外地挣钱。旺旺从一出生就没吃过一口母乳，他是被不锈钢碗里的各种食物喂大的。家对门的惠嫂生娃了，每天坐在门口喂奶。"惠嫂的无遮无拦给旺旺带来了企盼与忧伤。旺旺被奶香缠绕住了，忧伤如奶香一样无力，奶香一样不绝如缕。"有一天，旺旺忍不住咬了一口正在哺乳的惠嫂的乳房。结果整个小镇都沸腾了，人们的话题集中在性上头，"要死了，小东西才七岁就这样了。""断桥镇的大人也没有这么流氓过。"有人拿惠嫂开心，有人嘲笑旺旺爷爷。结果旺旺被爷爷打了一场，病了。惠嫂可怜旺旺，她从他眼神里看到孩子对母爱的渴望。但是爷爷却严厉禁止旺旺再接近惠嫂。有一天趁爷爷午睡，惠嫂让旺旺来吃奶。但是旺旺流着眼泪拒绝了，跑回家。惠嫂哭着拍旺旺家的门，爷爷又打了旺旺，镇上的大人越发把旺旺当流氓。小说结尾处，惠嫂对那些看热闹的人吼"你们走！走——！你们知道什么？"只有哺乳期的女人，才会看到孩子眼神里的依恋和庄严，也更加衬出围观看客的不洁。

大人们都是很健忘的，在他们眼里，乳房只具有性的意味，却忘记了她也是每个人来到这世界上最初的依靠与温暖。说来惭愧，我觉得自己在很多时候也是以成人的思维来分析孩子的心,所以与"断桥镇上的人们"并无二致。

《真相贰:我们究竟还能吃点儿啥?》一书中举了这样的例子,妈妈注意到她女儿拿回家的便当盒太干净了,询问后才知,女儿的中学同学们觉得在便利店买的便当才够档次,而妈妈亲手做的饭则太寒碜:颜色暗淡,汤汁满溢。女儿于是在上学途中的便利店里倒掉妈妈的便当,然后在那里买了便当去上学。最初看到这一段,我觉得这些孩子太可恶了!虚荣、愚蠢、薄情,怎么能够把妈妈辛苦做的便当倒掉呢?

但是某一天,忽然看到《平凡的世界》中有这么一段:

> 对孙少平来说,这些也许都还能忍受。他现在感到最痛苦的是由于贫困而给自尊心所带来的伤害。他已经十七岁了,胸腔里跳动着一颗敏感而羞怯的心。他渴望穿一身体面的衣裳在女同学的面前;他愿自己每天排在买饭的队伍里,也能和别人一样领一份乙菜,并且每顿饭能搭配一个白馍或者黄馍。这不仅是为了嘴馋,而是为了活得尊严。

这段话让我想起自己的中学时代。父母不想让我养成"爱慕虚荣"的习惯,加上当时身材偏胖,所以我的衣着总是很俭朴,经常穿着母亲的旧衣。他们一遍遍地向亲友夸我

"朴素"，我越发不好意思开口要新衣。但是心里面，一直都很羡慕那些身材匀称，穿着漂亮衣服的女孩。有一次母亲出差几天，我就把一些不符合我平日着装风格的衣服穿去上学，一天换一套，内心像度假期一样雀跃，觉得自己更好看了。等到她回家，我便把那些衣服收起来，依旧穿着宽大的旧衣服去上学。

现在想起来，少年时代对服饰或者饮食的在乎，很大程度上只是希望跟周围人一样，被同龄人接纳。而所谓的价值观、人生观之类宏大的命题，那是后来的事情。上了大学之后，他们会选修传统文化讲座、读《瓦尔登湖》；会见识不施粉黛的女学者以及"穿布鞋上课的院士"……于是他们的人生开始有了不一样的追求。而所有这些，并不是普通中学生们日常生活所能及，他们的生活单调重复，除了学业大概也只有衣食。所以他们在乎衣服与饮食的体面，并将之视作尊严的象征，实在是再自然不过的事情。即便是那么善良、懂事、上进的孙少平，在十七岁时也不过是"渴望穿一身体面的衣裳在女同学面前"以及"领一份乙菜"。

再回到那个"把妈妈辛苦做的便当倒掉"的故事。一位食品工程师给中学生们作演讲，演示了"增添多糖来凝固汤汁，不让沙拉的汁液流出来"以及"用染色剂将腌咸萝卜染成漂亮的纯黄色"的实验，孩子们受到很大冲击：妈妈辛苦做饭，只是为了让我们吃到不加添加剂的天然午餐！我们却嫌弃它汤水多、颜色不好看。"从明天起我要大大方方地把妈妈做的便当带到学校来,一边炫耀一边吃。"

（原载于《文汇报》2015 年 5 月 4 日,原题为《那些小说教我的事》）

5. 食品安全问题的娱乐价值

有段时间,为了完成关于"食品安全"的命题作文,我看了几本专业书籍。书中对于各类食品造假的手段以及与之相关的非法添加物之危害描述得颇为详尽。最初接触这样高密度的负能量信息时,我简直没法好好吃饭了。但是看过几本后渐渐适应,甚至开始玩味书中的一些细节。那些紧张的智力角逐、庞杂的细节层次、五花八门的利益诉求以及人们熟悉的生活场景,让我生出这样的感慨:食品安全问题其实是一个极好的电子游戏素材库,而且可以涵盖从单机版到大型网游,从格斗类到经管策略类等各种类型。我想到下面几款。

一

食物大战僵尸,准确地说,是"非法食品添加剂大战僵尸"。借鉴"植物大战僵尸"的思路,各种植物利用自己独

53

特的功能来对付僵尸的进攻,"滥用了不同添加剂的食物"也具有不同的功能。例如,由于甲醛具有漂白和促进蛋白质凝固的作用,不法分子在食物中添加甲醛以改善食物的外观和质地,尤其是虾仁、海参、鱿鱼、扇贝肉等水产品经甲醛浸泡后,不仅保质期延长,而且外观更加新鲜,成色饱满。而甲醛对人体的眼睛及皮肤具有很强的刺激性,为皮肤致敏物;具有遗传毒性、繁殖发育毒性和致畸性;国际癌症研究机构(IARC)将甲醛归为一类,即"对人类致癌物质"……故而,游戏制作者就可以将"甲醛海鲜"的功能设定为"使得僵尸失明,无法前进,并很快丧失战斗力"。

再比如,为了降低生产成本,不法分子用腐败变质的原料制成食品,尤其是肉制品,并且加入杀虫剂"敌百虫"来除掉由于腐烂变质滋生的蚊虫。部分动物实验表明,敌百虫具有胚胎毒性和致畸性。那么游戏中可以将"敌百虫泡过的火腿"的功能设定为"使得小僵尸无法顺利出生,从而减缓了僵尸的进攻速度"。

玩家可以针对不同僵尸的弱点来合理地分配食物,比如遇到爱吃海鲜的,就赶紧抛过去一枚用甲醛泡过的扇贝,使其瞬间丧失战斗力;遇到爱吃肠的,赶紧送过去一根用敌百虫泡过的腊肠,从而使得敌方暂停前进、玩家争取到更多加工食物的时间……更多详细攻略可参考《食品中可能的非法添加剂危害识别手册》。

二

如果不喜欢这类对抗性的游戏,那么可以选择独自闯关,比如饮食版"密室逃脱"。假设游戏场景是一家经常发生食品中毒事件的饭店,玩家在游戏中的角色是一名警探,他必须排查饭店中所有与食品安全相关的隐患才能顺利通关。像"苍蝇污染"之类的低级错误咱就淘汰掉了,各路大神已经为我们提供了更有技术含量的、极富创意的海量关卡。

饭店大堂里,餐具暗藏玄机:曾有一批企业使用国家禁用的尿素甲醛树脂生产仿瓷餐具,这种仿瓷餐具在一定的温度条件下,遇到水后,会从中溶解、释放出甲醛。移步备菜间,深藏不露的亚硝酸盐实为众多肉菜的幕后功臣。厨师们表示,各种肉类食品在烹调过程中都免不了要加入亚硝酸盐,因为它可以让肉类煮熟后颜色粉红、口感更嫩,即使瘦肉也不会塞牙,而且能够明显延长保质期。但由于它有毒,所以只能算一名"非法劳工"。有一位实验室工作人员测定了 10 种嫩肉粉和腌肉料,发现全部含有亚硝酸盐,但其中只有两种在包装上进行了标注,其余 8 种根本没有提及。即便是那些标注含有亚硝酸盐的,也没有任何有关其毒性的提示,更没有警告厨师不要过量使用的标志。

再回到游戏中来,随着店小二端出一锅火锅,你用鼠标控制的警探紧随其后。食材干净,锅底也正常,食客埋头大嚼,酣畅淋漓。但是,等等! 半小时后,情况发生了变化——反复加料煮沸的火锅汤,不仅亚硝酸盐可能过量,还因为含有大量的蛋白质分解产物,容易合成亚硝胺类致癌物。腌制时间不够长的酸菜汤底以及海鲜汤底含亚硝酸盐最多,我国已有多起因使用酸菜鱼发生亚硝酸盐中毒的案例。

如果在设计游戏过程中创意枯竭,可以翻翻你所在城市的任意一天的晨报或晚报,相信你很快会因为素材太多而陷入选择焦虑症。

三

如果觉得这些游戏太小儿科,那么不妨进阶模拟经营类游戏。这类游戏通常显得野心勃勃:发展贸易,振兴科技,建设城市,对外能处理好外交问题、对内能化解农民起义……游戏一步步地发展进化,画面愈发精致,规划也愈发繁复,玩家却有可能因为太费脑力而放弃了。因此现在很多新游戏不再大包大揽,而是朝着越来越专业化、细化的方向发展。

有一次我搜到一款名为"欧洲卡车模拟"的游戏,就是模拟一个卡车司机的生活。接单子、装货、开车、卸货、买新车、再重复……用户体验据说不错。可是这种纯洁得近乎乏味的情节激起了我的创作欲,恨不得自学游戏设计教程来改进它。

比如,有这样一则关于运输的新闻:重庆执法人员在某高速公路上的收费站对贩运活鸡鸭的经营户进行检查,结果现场查获涉嫌灌注重晶石粉的活鸡近千只。给活鸡灌注重晶石粉,其功效类似于给牛肉注水。重晶石为含钡硫酸盐。对硫酸钡,我们并不陌生,做胃镜之前,吞下的类似牙膏状造影剂便是硫酸钡。不过,胃病患者吞下的硫酸钡和活鸡被灌注的重晶石粉有很大区别。前者已经达到医药纯度标准,而后者还是原矿石状态。在自然界中,钡类化合物对人的毒性取决于其水溶性。硫酸钡在人体内不溶于水、也不与其他物质发生化学反应,故无毒;然而,与重晶石经常共生的含钡碳酸盐矿物叫毒重石,它与胃酸反应后可以生成溶于水的氯化钡。可溶性钡盐属于肌肉毒物。进入人体后,对于骨骼肌、平滑肌和心肌产生刺激和兴奋作用,使心肌的应激性和传导性发生改变,严重中毒的患者可能死于心脏停搏。

执法人员在高速路上查获"重晶石活鸡"据悉来自贵州,长途跋涉来到重庆而未出现规模性意外死亡,这简直可以算是高智商犯罪,肇事者想必具备相当的生理生化知识,并且是做过多次实验的。这一类的情节如果加入到"中国卡车模拟"游戏中去，其丰富度和可玩性绝对秒杀"欧洲卡车模拟"。当然，在游戏中出现这般没有操守、人神共愤的情节，不知道审核会不会通过。

四

那么就直接开发与饮食相关的游戏吧，比如模拟饭店、模拟农场等。现有的这类游戏常被玩家吐槽"太枯燥"，比如饭店类的就是盖楼，或者快速把厨师的技能练满后就没有了追求；而农场类的多是机械操作，因而也被人戏称"模拟拖拉机"。如果加入食品安全问题，那么游戏将会立马拥有立体而丰富的层次。就像很多男生喜欢的"足球经理"，我起先不理解这款"几个小黑点在球场上移动"的游戏究竟有何勾人之术，后来才知道其情节之细微：作为一个教练，你不时要操心"让那位生病的主力球员闲着很可惜，但是如果他把感冒传染给了其他队友那就更麻烦了，到底要不要他上场"这样的问题，想不产生代入感都很难。

如果开发一款食品安全版"模拟饭店"，那么从选购食材到烹饪美食，再到应对媒体的曝光和政府的检查，整个过程将会充分挑战玩家的智商、情商，并且充满博弈的乐趣。

比如，在饭店中供应饮料时，你是提供用水果榨出的天然果汁,还是提供用各种香精、色素和防腐剂勾兑出来的果汁? 听上去前者似乎更靠谱? 西班牙哈恩大学的研究者总共检测了购自 15 个国家的 102 听和 102 瓶软饮料,在这些饮料中发现了 100 种杀虫剂。在英国销售的两种橙汁中含有抑霉唑,含量甚至是可饮用水中单一杀虫剂允许含量的 300 倍。而这些饮料深得英国孩子们的喜爱。杀虫剂为什么会进入饮料里? 因为这些被检测的饮料都是果汁型饮料,而水果在种植、储藏的过程中难免要使用各种农药,如杀虫剂、杀螨剂、杀菌剂、杀线虫剂、除草剂、杀鼠剂等,而且水果农药残留的问题全世界都广泛存在。所以,饮料中的杀虫剂是水果在生长、储存过程中残留下来的。

那么,干脆就用香精色素勾兑出来的饮料吧! 便宜又安全。反正添加剂只要是安全范围内就行了嘛,专家都说了"离开剂量谈危害就是耍流氓"嘛! 但是,英国发现了儿童"果汁饮料综合征",这类儿童任性,感情冲动,注意力不集中,学习成绩差,大多与使用人工合成色素和香精有关。1973 年,美国医学会就提出食品添加剂与儿童多动症有关。人工合成色素和香精可引起过敏、哮喘、喉头水肿、咳嗽、鼻炎、荨麻疹、皮肤瘙痒及神经性头痛。可乐过量饮用,导致钙/磷比例失调,影响儿童发育。

店老板仰天长啸,我不提供饮料了还不行吗? 亲,饮料酒水向来都是餐饮业的摇钱树,你不提供当然可以,只是要做好 game over 的准备哦。

然后我们来玩"食材制备"的游戏吧。在选择食材的步骤中，你是选择大棚生长的、整齐而廉价的蔬菜，还是选择小众的农业团体耕种的有机蔬菜？后者虽然口感更好，对环境的污染较小，但是价格和品相却不占优势，而且品种通常受制于季节和时令，顾客不一定会买账……

五

饮食安全题材的游戏在发挥消遣功能的同时，也能肩负起开启民智之重担。对于食品业内人士而言，它具有教育培训的功能。比如角色扮演游戏中有一类是角色扮演模拟游戏，玩家在一个仿真电子环境下扮演各种各样的职业，用于一些建筑、精密操作、医学方面的训练。至于管理者，可以在"金融帝国"游戏中增设一个餐饮行业。"金融帝国"模拟了大半个资本主义世界，玩家可以投身制造业、股市、传媒、房地产等各个行业，扮演公司决策者。游戏甚至被美国几个名牌大学的商学院当做竞技平台来比赛。

我们国家对于青少年的饮食科普教育非常缺乏，所以不妨在游戏中穿插各种营养知识以及食品安全方面的常识，以达到寓教于乐的目的；中老年人通常不热衷于电子游戏，如果开发一些与他们的日常生活相关的饮食题材游戏，或许能培养出一批中老年玩家,让他们不再转发"洋葱加红酒包治百病"之类的微信谣言,关注更有现实意义的食品安全问题,从而在日常饮食生活中作出更为明智的选择。

当然,这类游戏最大的潜在意义是促使黑心食品制造业人士转行,如果他们能将聪明才智转移到虚拟领域,从小作坊主变身为文化创意产业设计人员,实在功德无量。

6. 对《舌尖Ⅱ》的生态反省

我以前曾不理解为什么有那么多博客和书教人做点心,直到有一天,忽然解开了这个结:食物不仅仅是一种物质层面的存在,它们还具有某种超越性。那几天我无法自拔地想念武汉的早点"豆皮"。说起来,豆皮的原材料很简单:鸡蛋、面粉、糯米,外加上切成丁状的豆干、香菇,等等。这些东西哪里都有,可是即使把它们全部堆在我面前,也根本不能缓解我对豆皮的相思!我所思念的到底是什么?也许是爸爸在卖早点的店铺柜台前买票,然后在做豆皮窗口排队等候的身影;也许是三伏天的清晨,那个做豆皮的年轻师傅,赤膊上身,穿一件围裙,专注于他面前的炉子和大铁锅,为这座"火炉"城市再升一升温……令人怀念和向往的食物,必然凝结了一些原材料以外的元素,它们裹挟着一整块记忆,霸道地控制了我们的情感。

《舌尖上的中国》(下文简称《舌尖》)无疑是深谙"食物与情感"之关联的。因此,尽管我对美食并不热衷,但仍对这部纪录片颇有好感——我是把它当韩剧来看的。《舌尖Ⅱ》仍旧延续了《舌尖Ⅰ》的人文情怀,抒情手法甚至比前者更为娴熟老到。但不得不提到的是,刚看了第一集,便觉得有几处情节令人难受。

沿海生活的一家人,女儿喜欢吃跳跳鱼,父亲于是花了五年时间习得钓跳跳鱼的绝技——用五米长的渔竿、六米长的渔线,捕捉十米开外、身长五厘米的跳跳鱼。最后的画面是一家人温馨享用晚餐。

另一个故事发生在山里。农忙期间,一对在外打工的贵州夫妇回家,一双儿女很高兴。母亲于是亲手制作稻花鱼、雷山鱼酱给家人吃。鱼酱的原料是爬岩鱼,它们隐藏于流动的深水之中,捕捉难度很大,片子里浓墨重彩地展现了男女老少在湖中潜水寻找爬岩鱼的画面……大约半个月后,这对夫妇要离乡了,继续外出打工。儿子默默地给他们装上一小坛鱼酱,女儿则哀怜地看着父母离去的背影,继续过着留守儿童的生活。

从情感上来说,这些情节设置得很好。国人对于感情的表达含蓄深沉,亲人之间,不会轻易把"爱"挂在嘴边,他们多半是用一蔬一菜来承载情感。但是,如果从生态环境的角度来看,情况则没有这么美好。

爬岩鱼是一种野生动物,栖息在有较强水流的小溪中,吸附于光滑岩石上,最大不过小拇指大小,夏秋之际数量较多,不过一人一天也仅能捕到一斤多。由于数量少、捕捉难度大,当地人都是自制自吃,从没想过批量生产。

导演非常聪明地选择了"自给自足、原始渔猎"的场景,以营造一种古老而与世无争的氛围。在这种语境下,"食用野生动物"的行为不仅合情合理,而且颇具原生态的美感。比如"饭稻羹鱼"就是一种适合南方偏僻地区的古老农业生产方式,所以当我们看到以糯米和鱼为原料制成的稻花鱼,会感觉亲切而自然。

然而现实情况却是:几大电商网站早早策划了"舌尖专题购物"活动,其中一家甚至垄断了某种食物的销售,待到节目一播出,西藏野生蜂蜜、雷山鱼酱等,都在极短的时间内售罄。不仅如此,那对贵州夫妇在节目播出后,也不断接到各方人士的电话,还有外地游客慕名前往主人家中,品尝美味。据说男主人已经产生了将自己村的鱼酱做成产业的想法,而当地政府也表示将会大力支持。与爬岩鱼一样,跳跳鱼也在一夜之间撩拨起观众们的味蕾……在商业利益的驱动下,产业化是不可避免的,不难想象这些野生鱼类的命运。

实际上,野生鱼的数量一直在减少。《舌尖Ⅱ》第一集在拍摄一对夫妇出海打鱼时,渔民说,也许再过十年就没有鱼可以打捞了。对这一悲观的预言,我不得不信。几年前与同事们去北戴河玩,恰逢禁渔期。但出乎意料的是,几乎没费任何周折,渔民很轻松地就带着我们坐上船出海打捞,结果捞出一网子的小鱼小虾——这分明是让它们断子绝孙的节奏。

问题不仅在于数量的减小,还在于功能的消失。自然界中每一个物种,作为生态系统里的一环必然有其特定作用。以跳跳鱼为例,它们匍匐于滩涂上觅食底栖硅藻、蓝绿藻,也食用少量桡足类及有机质。众所周知,湖泊、海湾等缓流水体富营养化的主要特征是"藻类及其他浮游生物迅速繁殖,水体溶氧量下降,鱼类及其他生物大量死亡,水质恶化"。而以藻类为食的跳跳鱼如果某一天灭绝了,海水的污染是否会进一步加剧? 当然,生态系统具有一定的自我修复功能。它是顽强的,只要干扰控制在一定范围内,并且从功能的角度而言有可替代的物种,那么某个物种的灭绝对生态系统的影响就不会太大。简单地说,生态系统不怕改变,只是怕变得太快。而现在的问题正是"变得太快"。

此外,由于自然环境中的各种因素是互相关联的,因此对野生食材的追求很可能会直接导致对当地其他生物的破坏。比如片子开头,一青年爬树采蜂蜜,在爬树过程中需要不断地把斧头砍入树皮,以便自己能够向上攀爬。看似不起眼的动作,对树木的伤害却极大。所谓"树怕伤皮,不怕空心",就是因为植物运输有机物的筛管在树皮内侧的韧皮部,如果树皮被环剥,筛管被割断,养分的输送会中断,这会导致树木死亡。

后来据某植物学博士考证,这一情节涉及造假,实际拍摄过程中是以一株低矮树木替代——谢天谢地!这真是一个让人暖心的造假。

据说《舌尖Ⅱ》制作组也曾考虑过"保护野生鱼类资源"的问题,后来得知跳跳鱼已经大范围人工养殖,所以就放心拍摄了。如果情况真是如此,我只能说他们太不了解吃货的心理了——猪这种动物在几千年前就被驯化了,但是食客们为何从来没有放弃对野猪肉的追求?即便家养的替代品如此丰富且生命力强悍如野猪,也面临着生死存亡的困境(如今它们已是国家二级保护动物),更何况其他野生动物?

祖先们在漫长的历史上,已经将所有适合于食用的动植物驯化或者种植了,因此到现在仍属于"野生"的动植物,多半意味着某种危险的禁忌。比如有学者提到,如果跳跳鱼吃了海水中有毒的藻类,也会在体内积累毒素。人若食用这样的鱼,毒素则会进入人体。不过我猜测,这样的警告并不会在现实层面产生任何威慑力——对于一个有着"拼死吃河豚"之传统的国度而言,这点毒算什么?

(原载于《文汇报》2014年5月8日)

[后记]　此文写于 2014 年 4 月《舌尖Ⅱ》热播期间。后来陆续看到一些"海水养殖导致环境污染"的新闻。如辽宁大连普兰店市皮口镇,是大连周边海域养殖海参最大的一片区域,由于养殖户大量添加抗生素等药物,导致近海物种几乎灭绝。近海养殖产业密集对近海海域造成污染,渤海湾生态系统现在已经处于亚健康状态,水体呈严重富营养化,氮磷比重已严重失衡。

另一则题为《被贪婪毁掉的中国近海》新闻里写道,国家海洋局 2014 年对海南岛周边近海污染情况的调查报告中显示,从陵水海湾海水成分分析,这里主要污染因子是无机氮和活性磷酸盐,成因除了生活污水入海湾外,海水养殖也是不容忽视的问题,而且占很大比例。未吃完的饵料溶生的氮、磷等营养物质是邻近浅海的主要污染源。同时由于网箱多集中在浅海区域,水流不畅,海洋物质交换缓慢,导致养鱼网箱附近的海水污浊不堪,底部海域几乎成了"不毛之地",海藻和其他生物根本无法生产,这也导致一些危害鱼体的菌群大量繁殖,导致陵水海湾酷似死海。

7. 零食防火墙

一

暑假回家,陪母亲逛了几次超市,我们之间的对话通常是这样的。她说:"这种木糖醇酸奶很好,我们买一板吧。"我拿起酸奶扫了一眼,"哪里是木糖醇,配料表里明明写着甜蜜素、阿斯巴甜。"她很疑惑:"都说木糖醇酸奶好啊,连糖尿病人都可以喝呢。"我于是跟她解释,木糖醇含热量较低,因此常作为白砂糖的替代物。但是它的成本比白砂糖高,所以许多顶着"木糖醇"头衔的食品实际上是加了甜蜜素等廉价甜味剂,成本降了,但是副作用也不可避免,比如致癌致畸等。最后她终于决定买普通酸奶。还有一次,她买了一盒巧克力,出了超市便想拆开吃。我说,这么晚吃巧克力会影响睡眠的,以后最好白天吃。她于是只好作罢。那一刻我觉得自己俨然成了一名严苛的母亲,而她宛若一枚呆萌小萝莉。

希腊神话里的坦塔罗斯永远喝不了口边的水、吃不了

68

头上的果子,于我而言,每次来到超市也是此衰神附体。其实我真的想买零食,但是仔细查看一番后,便无法购买任何一种。首先看配料表:

糖精钠、甜蜜素—虽然摄入少量并不会影响健康,但是如果可以,我更愿意选择红糖或者枫糖配方的,它们比白砂糖有营养,而且不用担心食品添加剂的副作用……业内人士看到这里肯定呵呵了,甜蜜素的甜度是蔗糖的30—40倍,而两者每千克的价格差不多。有人愿意为这样的差价买单吗?糖尿病人以及想瘦身的人自然会选择"无糖型"的,也就是以甜蜜素调味的;而超市的其他顾客,有几个人会在意酸奶里加的是红糖、白糖还是甜蜜素? ——真正在乎的人压根就不去超市,他们会自己动手制作酸奶。既然去超市的顾客并不在意具体成分,那么制造商当然会尽量压低成本。而甜蜜素在价格上完胜红糖,所以,甜蜜素糖精钠之流,垄断了超市零食的甜味。

山梨酸钾、苯甲酸钠—虽然少量防腐剂对身体并无影响,但是专家说了,有的厂家设备简单陈旧,缺乏精确的计量设备,不能控制使用量,很容易出现食品添加剂超标的情况;还有一些厂家没有相关的先进设备,在添加防腐剂时常常出现搅拌不均匀的情况,这样也会造成产品中防腐剂含量过高。即使是在正常使用范围内,它们也会产生蓄积作用,即某些物质少量多次进入机体,使本来不会引起毒害的小剂量也发生作用。而慢性毒性反应的基础正是蓄积作用。

那么色素呢？亮蓝、胭脂红、日落黄……虽然名字很妖艳，但还是算了吧。每种色素的添加量都有一定标准，如果超过一定用量就有潜在危险，比如奶油黄有可能诱发肝癌。

增稠剂、乳化剂、着色剂——为什么一支纯色雪糕需要用3种着色剂？难道它也和女生一样，需要一层化妆水一层粉底液一层遮瑕膏？

如果再考虑到营养问题，那就更难抉择了。热量太高的，否；蛋白质含量太低的，否；碳水化合物含量太高的，否。然而所有零食基本上都具有这三种特征。有些零食的含糖量不高，但是它们往往钠含量太高——我本来不在乎这一条，但是由于知道了"过多地摄入钠会加速钙流失"，所以从此对钠也存了戒心。

此外，零食的原材料也是必须考量的指标，以大米、面粉、糖类为原料的，基本不予考虑，因为与主食雷同；而话梅、熟食也坚决杜绝，因为添加了太多防腐剂。

如此这般权衡一番，我每次去超市选零食就只能空手而归了。

二

有时，我惊喜地发现某种零食的热量、钠含量都很低，然而仔细一看才发现是"每30克含量"而不是通常的"每100克含量"。有时,某些零食会很体贴地标出更为丰富的信息,比如其中含有的铁、钙、锌以及维生素含量。上好佳出产过很多膨化零食,本来算不上健康食品,但是只因为配料表上标出了微量营养元素含量,诱使我买了很多次。几年前的某一天,我忽然发现它家包装袋上的这一细节消失了!站在货架旁,我设想了如下原因:其他零食厂家围攻,"明明大家都是垃圾食品,你凭什么冒充圣母?"迫于各方压力,它家只好作罢。无论真相如何,总之我再没买了。有时,某些厂家也会开辟出杂粮这块市场,有一次我发现一款麦片锅巴,几乎决定买了——在营养王国里,麦片绝对是政治正确的好公民。但在结账前,我忽然又犹豫了,锅巴毕竟是油炸的,大热天吃它,会不会上火、长痘、口腔溃疡? 会不会一不小心吃多了于是口渴难耐不停喝水导致晚上起夜睡不好觉第二天早晨醒来眼睛浮肿脸若满月? 最终,还是空手而归了。

　　明知每次注定是一场空,但我还是会隔三岔五地去超市"买零食",何苦呢? 以科学的角度解释,远古时代,富含热量、脂肪与糖类的食物对人类而言是稀缺资源,所以人体对它们的喜爱已经刻进了基因,内化为人的本能。而现代的饮食环境完全改变,越是三高食物越是廉价易得,而我们的本能却很难改变:总希望多摄入些垃圾食品。这样说来,我每次去超市,其实不是去买零食,而是在自编自演一场"理智与情感"的生活剧。不管怎么说,在零食货架前依次拿起食物包装仔细端详、不时紧锁眉头思忖一番、喃喃自语之后再放回原处,这种行为多少显得病态而且浪费时间。

三

我决定改变这个习惯。

于是我开始自己制作零食。把红糖、芝麻熬成汁儿,趁热淋在核桃仁上,即成"琥珀核桃";用豆浆机把绿豆制成绿豆沙,再加点蜂蜜,然后放入冰箱,便是"绿色心情"……舌头一旦适应了这样的口味,必定会对外面的零食产生免疫力。日本文部省曾举办 400 个孩子和妈妈的味觉测试,报告结果称,"如果每天只用无添加剂的汤汁煮大酱汤,3—7天后,习惯于添加剂的味觉就会回归自然……那之后如果再将加了添加剂的东西放入嘴里,吃完之后一定会感到在喉咙的下颚、上颚附近像是贴了层黏膜般异样的感觉,而无添加剂的食物后味清爽。"①

不过,制作零食是一件需要闲暇、毅力和天赋的活动。当我迎来又要上班、又要带孩子的生活,我就完全放弃了。

---

① (日)安部司:《真相贰:我们究竟还能吃点儿啥?》(叶晶晶译),北京:东方出版社,2010 年版.

72

想吃零食,还是得去超市。

书上说,"儿童尤其是婴幼儿的免疫系统发育尚不成熟,肝脏的解毒能力较弱,极容易对小食品中的食品添加剂产生过敏反应"。但是孩子不可能生活在真空的饮食环境里,她不可能不接触零食。亲戚朋友聚会时,会递给她棒棒糖;小朋友聚会时,也会互相分享糖果;而长辈带她去超市,总是万分宠溺,免不了买点零嘴儿。怎么办?

我能想到的最好的办法,就是自己不吃零食,这样她会减少很多吃零食的机会,从而为她的小肝脏节省出"解毒配额"。

就这样,孩子成了我的终极"零食防火墙"。

(原载于《文汇报》2014 年 8 月 12 日,本文有修改)

草木虫兽

8. 三个美国人眼里的中国农业

一

虽然近代中国农业与西方农业相比,具有很多显而易见的劣势,但这并不妨碍西方人以新奇的眼光来打量、甚至赞叹这个与自己国家农业结构完全不同的世界。首次出版于 1911 年的《四千年农夫》(*Farmers of Forty Centuries*)①作者弗兰克·金(F. H. King)教授记录了他对中日韩三个东方国家农耕体系的观察与赞誉,并对美国农业作出了反思。"中国农耕历经两千,或许三千,甚至四千余年,土壤肥沃依旧,养活了如此高密度的人口。原因何在?"这一问题促使他前往亚洲旅行。他学到最核心的一课是:中国农民让人体排泄物以及其他垃圾重新回归土壤,而美国人则是把这

① F. H. King, *Farmers of Forty Centuries*, Emmaus, Pennsylvania:
Rodale Press, 1911.

些垃圾投入大海,所以西方人是"这个世界有史以来遭遇到的最放纵的垃圾催化剂"。需要好几百年才能积累起来的土壤有机肥料,被一代人恣意地扫进海洋中。对于这样挥霍无度的行为,只有靠大量使用矿物肥料才能弥补损失,这样终究不是长久之计。金描述了中国南方的农民是怎样根据不同的农作物重新改造土地,在高高的山脊上种植蔬菜,然后平整河床、种植水稻。金说,中国人制造精细堆肥堆的措施是一项"非常古老、集约型的应用,直到最近,其中蕴含的重要基础性原理才被我们理解并且被归入农业科学"。①

但也有西方人的观点与金完全相反。20 世纪初期,美国农业部派一位名叫梅耶的人到中国来搜集植物品种资源。梅耶发现,离城市较近的植物,都被中国农民破坏了,他抱怨"在他们永无止境地找寻燃料的过程中,砍伐并且连根拔起了那些野生木本植物"。这样做的后果就是"在人口密集地区附近,很难发现任何有价值的植物。必须深入腹地,通常需要经过好几个星期的行路,远离任何大城市才能有所收获"。作为一名私自闯入中国的植物"盗猎者",这样的抱怨很可笑,就好像小偷责怪主人家里经营不善,导致没多少东西可偷。不过这些记录倒是难得的生态环境史材

① Stross, Randall E. The Stubborn Earth: *American Agriculturalists on Chinese Soil, 1898 – 1937*. Berkeley: University of California Press, 1986.

料。比如梅耶列举出中国人破坏生态平衡的例子：

> 每株野生的乔木或灌木都被无情地砍掉；每一种可以食用的鸟儿都被捕获成为盘中餐。他们的山区都是荒地，雨水急速地冲刷，带走了适宜耕种的土地，同时使得山谷石质化、沙漠化。年复一年，他们的气候变得越来越干燥，导致饥荒蔓延。①

明尼苏达州农学院的毕业生派克在1908年被美国农业部派遣到中国，担任奉天省巡抚的顾问，他也注意到中国的生态问题。派克发现，满洲的农业生产方式原始粗放，浪费太大。仅有少量牲口被养殖，因此土壤的营养无法通过粪肥而补充；没有栽培饲料作物，农民也不知道关于土壤耕作的任何常识；庄稼的播种与收集"几乎仅仅依靠人的技术以及无意识的天赋"。即使这样，几千平方英里深褐色的沃土上仍旧长出硕果累累的庄稼。而同样的耕作方式在美国"将会很快使得农民破产"。派克在一本写给美国读者的书中指出，与通常的印象（即《四千年农夫》中塑造的中国农民形象）相反，能够保持地力常新壮的"永续农业"在中国

① Stross, Randall E. The Stubborn Earth: *American Agriculturalists on Chinese Soil, 1898 - 1937.* Berkeley: University of California Press, 1986.

并未全面普及。在满洲以及中国北方,老农们表示,庄稼的产量曾经是现在的两三倍,派克认为这是值得美国中西部农民深思的活生生的反面教材。①

二

三人究竟孰是孰非?这个问题先放着,让我们来回顾一下中国的生态环境史。总体说来,中国历史上的生态环境一直趋于恶化,且环境史研究的大量例证表明,正是人类活动导致灾荒的加剧。竺可桢对 17 世纪以来的 3 个世纪直隶水灾特多的原因作过分析。他认为,真正的原因是直隶人口的增加和农业的勃兴。因为在宋代以前,直隶省的低洼之处都是淀泊沼泽,尚未开垦,元明以后,以前的沼泽逐渐变成了良田,水灾因而随之增多。过度垦殖提高了灾害的发生频率,而灾害又导饥荒程度加深,于是人们又进一步加大垦殖,造成恶性循环。②

清代以来,人口进一步增长。何炳棣用例证得出的结

---

① Stross, Randall E. *The Stubborn Earth: American Agriculturalists on Chinese Soil, 1898 - 1937*. Berkeley: University of California Press, 1986.

② 竺可桢:《直隶地理的环境与水灾》,《科学》,1927 年,12(12)。此据《竺可桢文集》,北京:科学出版社,1979 年版,第108—115 页。当时的直隶约略包括现今河北省、北京市和天津市,但不包括张家口和承德两地区。

果是：全国人口从乾隆四十四年的 2.75 亿增加到道光三十年的 4.3 亿。困扰着近代中国的人口过多和普遍贫穷的问题到道光三十年已经存在。人口激增，使中国的资源变得极其窘迫，以致经济陷入了困境。从康熙平定三藩之乱和结束台湾明朝残余势力到太平天国之前，是中国历史上少有的持续和平和繁荣时期，人口迅速增长。而农业生产水平的提高和地区移民也导致人口迅速增长。高产稻的大面积推广，使同样的土地能养活更多的人口，从而促使出生率提高和死亡率降低，人口激增。玉米、蕃薯等美洲新作物的引进和推广，使原来不长粮食的农业边缘地区得到开垦，水稻产区过多的人口大规模向西部移民，移民在丘陵和山地种植玉米，又使大量的人口得以生存和繁衍。今天长江上中游地区的植被破坏引起的水土流失"可能应归咎于十八世纪种植玉米的农民对山地的无情榨取"。[①]

　　虽然中国历史上的生态环境持续恶化，但是如果说国人不懂得保护自然环境，显然是不符合事实的。说起来，中国自古以来有关保护生态环境的告诫，不输于任何一个国家，绝对是价值观输出方，而中国农民的耕作方式与生活方式也的确是非常的精细、节俭。早在上古时期，就有人提出

　　① 何炳棣：《明初以降人口及其相关问题·1368—1953》（葛剑雄译）。北京：三联书店，2000 年版。

了对自然资源的利用应该有所节制,并且顺应自然界的生长时序。《礼记·月令》记载:"(孟春之月)祀山林川泽,牺牲毋用牝。禁止伐木,毋覆巢,毋杀孩虫、胎夭飞鸟,毋麛毋卵""(仲春之月)毋竭川泽,毋漉陂池,毋焚山林""(季夏之月)入山行木,毋有斩伐"①。在人对自然的态度方面,也强调人的活动要遵循自然规律,《周易·系辞下》提出天地人的三才之道,"有天道焉,有人道焉,有地道焉。"李约瑟对三才理论的评价是:"一种自然阶梯的观念,在这个阶梯中,人被看做是生命的最高形式,但从未给他们对其余'创造物'为所欲为的任何特权。宇宙并非专为满足人的需要而存在的。人在宇宙中的作用是'帮助天和地的转变和养育过程',这就是为什么人们常说人与天、地形成三位一体。"②这样的生态思想一直贯穿于中国古代农业的发展。

到明清时期,尽管有些农学家受西方科学影响甚深,但其生态伦理观仍旧继承了前人。徐光启的《农政全书》中有些内容颇接近现代科学观念,而且徐光启作为一名天主教徒,也受到基督教自然观的影响,提倡通过理性的实践和艰苦的劳动建立人对自然的统治。尽管如此,《农政全书》的

---

① （清）阮元:《十三经注疏·礼记正义》,北京:中华书局,1980年版,第1357页,第1362页,第1371页。
② 李约瑟:《历史与对人的估计——中国人的世界科学技术观》,潘集星主编:《李约瑟文集》,沈阳:辽宁科学技术出版社,1986年版。

生态伦理思想仍旧与古代先贤们如出一辙,诸如尊天重时、仁民爱物、谨身节用等。

既然中国古代的生态观一直是以"可持续发展"为原则的,那么现实的生态环境状况却为何逆向而行? 我认为一个主要原因是,中国古代的精耕细作,其实是迫于"人多地少、资源有限"之窘境的无奈之举;而普通人对自然环境的敬畏,一方面带有很强的功利和实用的色彩,《国语·鲁语》说:"……加之以社稷,山川之神,皆有功烈于民者也;及前哲令德之人,所以为明质也;及天之三辰,民所以瞻仰也;及地之五行,所以生殖也;及九州名山川泽,所以出财用也。非是,不在祀典。"另一方面,也是因为不了解自然而对之产生畏惧。实际上随着自然科学的不断发展,中国古人对自然的敬畏之情也越来越稀薄。"人定胜天"的观念深入人心。因此,尽管传统农业具备一些现代意义的"生态农业"的特征,但是从人们的认识上来说,则根本不是一回事。

三

再回到开头提到的"生态农业观光团"。金教授是以旅游者的身份参观中国农村的;而梅耶在中国当了好几年的"植物猎人",并且去过很多地方;派克在中国从事了几年时间的农业改良工作,因此梅耶与派克对中国当时状况的评价或许更为客观。事实上,确实如梅耶、派克所记录的那样,在 20 世纪上半叶,中国面临严重的生态环境恶化问题。根据农学家沈宗瀚的记录:

> 近世纪以来,我国因人口繁殖,各地农民多摧残森林,放火烧山,而垦种山坡,以致河流上游之土地,一遇暴雨,多被冲刷而成沟壑。同时下游平原肥沃之田,亦多因山洪暴发,冲刷而成河糟或沙滩。故我国江河每遇上游暴雨,水位骤高,泥浆骤增,水色红黄,由上游冲刷而下之肥沃表土,其减少农业生产,几难估计,且因以往涵蓄水源之森林,既经摧残,而下游各地之泉源,即随之而逐渐涸竭,以致昔日得泉水灌溉之沃土良田,今则变为全靠天雨之旱地,每年产量,遂难稳定矣。[①]

再加上病虫害、兽疫以及战争,很多地区的农村可谓哀鸿遍野,具体情景可参见影片《一九四二》。

在这种背景下,本土农学家和农民,怎么能够认同西方人对中国"生态农业"的赞扬?英文版《四千年农夫》出版了近一个世纪后才出现中文译本,足以证明我们对自己的

---

① 沈宗瀚:《中国农产自给与外销》,《农报》,1940 年第 5 卷,第 13—15 期,第 56—58 页。

传统农业是多么的自卑,毫无认同感。民国期间,农学家程侃声在《农业管窥》中提到,尽管外国人对中国人的肥田习惯很欣赏,但是据他自己观察,中国很多地方的田还是很瘦、很饿的。农史学家游修龄先生指出,中国传统农业是除利用太阳能之外,别无外源能量投入的农业,这使得单产的提高在近现代以来也遇到临界点的困境。① 因此,相比较西方科学家对中国传统的节能模式的欣赏,中国人更向往西方的农业模式。

随着西方的科学与文化全面席卷中国,英美等国农业与中国农业相比显示出的巨大优越性,强烈吸引了人们的关注。"美国以三分之一人为农民,即以供给本国之民食,且有余而运销外国;而吾国十分之八为农民,不特不足以供给本国民食,而且常有饥馑之患也。中国农民因缺乏机械,生产效力之低下,可以想见。"② 畜牧业方面,"中国四分之三的牲畜为耕地及运输之用,只有四分之一的牲畜为肉蛋毛皮革等用……反之英国的役畜,仅占全体牲畜的10%"。③

----

① 游修龄:《农史研究文集》,北京:中国农业出版社,1999 年版,第 253 页。

② 谢恩覃:《中国粮食生产问题》,《农声》,1935 年第 181—182 期,第 138—140 页,第 142—193 页。

③ 沈宗瀚:《书评:中国的土地利用》,《新经济》,1939 年,1(7),第 28—31 页。

这种差异使得人们产生了强烈的效仿西方农业的动力。比如《英美之农业政策》①里总结了英美国家政府对农民给予的支持,包括顾及农民福利、调和农工利益、解决生产过剩。还有人提议中国的小农生产应该彻底变革,"应当朝着大农生产方面发展——以集体农场或国营农场方式。"②卜凯提出如下建议:建筑蓄水工程、改进水利、依农业的特殊情形设立特种机关而研究并改进其各种特殊问题、树立农业推广制度,使农业技术的改良能普及于农民、树立农业金融制度、设立农产品检验局、立农业法规、发展铁路公路等。③ 还有观点认为农业应该为工业服务,"以中国现在的产量,亦决不能供工业上制造的需要,同时中国的工业又不能像过去英国的工业,可以依赖殖民地的农业供给原料,因为中国不但现在没有殖民地,就是抗战胜利后,也不打算有殖民地,中国的工业必须以中国的农业作背景,要发展农业,增加工业作物产量,才能解决工业化的原料问题。"④

---

① 钱天鹤(讲),陶履样(记):《英美之农业政策》,《农业通讯》,1947年,1(1),第3—5页。

② 饶荣春:《现阶段的中国农业经济》,《农村经济》,1935年,3(1),第91—97页。

③ 沈宗瀚:《书评:中国的土地利用》,《新经济》,1939年,1(7),第28—31页。

④ 沈鸿烈:《从农业观点论工业化》,《农场经营指导通讯》,1944年,2(3—4),第1—3页。

四

也有人发出另外的声音——依据中西方在环境条件、人均耕地面积等方面存在的客观差异,来思考适合于中国自身的农业发展方式。农学家程侃声认为:

> 发展畜牧业自然是我们所应努力的方向,但是也要看到其中的症结,中国是一个人口稠密的国家,而各地的交通又不十分方便,所以农民的努力不能不集中于粮食的生产,因为这是从一定的面积上取得最多的热量的方法,也就是维持最多人口的方法……动物的生长要以植物作食料,但动物所吸收的食料并不是全部都增加了它的体重,吸收消化的本身需要能量,它的各种活动也需要能量,这都会增加它对于热量的消耗。所以在猪的肥育时,我们需要喂三斤的粮食才可以使它增加一斤的体重,其余两斤是被它为维持生活而消费了。①

此外,他也提到燃料的问题。"造林和森林的保护也是山地农家不可忽略的事,抗战中林木的破坏相当严重,这一

---

① 程侃声,叶德倍:《农业管窥》,第37页。

点大约还未为一般人所注意,我们相信不良的影响自己会表现出来的。这不仅与水土的冲蚀有关,燃料的缺乏,必致使农人烧去一切的稿秆,甚而至于和北方一些地方一样,连牲口粪便都得用作燃料,这对于土肥的维持也是极不利的。"[①]但是在当时,这一类涉及农人生活与生态环境的讨论非常少,而且《农业管窥》一书具有一定的文学背景,[②]因此并未受到主流农学界的重视。当时的人们更倾向于从宏观的、政府的层面来考虑农业改良问题。

总之,在 20 世纪上半叶,尽管西方学者对中国农业与自然环境之间的关系非常感兴趣,而少数本土的学者也意识到应该根据中西方自然环境的差异来思考适合中国本土的农业模式,但是由于大部分人具有强烈的效仿西方农业的心理,因此总体来看,"生态农业"并未受到重视,也因此错过了从感性经验上升到理论高度并加以实践的机会。

五

令人唏嘘的是,就在我们对比美国农民与中国农民生

---

① 程侃声,叶德倍:《农业管窥》,第 223 页。

② 程侃声最初是一位文人,因为在《小说月报》上发表文章而与叶圣陶先生交往。到一九四六或一九四七年,他把在云南写的一本《农业管窥》寄给了叶先生,先生回信说可以采纳,后因为要求保留再版时有修改的权利而中断。——引自《鹤西文集》,第 177 页。

产效率而心生自卑之时,对方也一直在惭愧地对比美国农民与中国农民在耕作过程中的生态效益。比如《美国的农业和农村》一书中,有不少文章通过对比中美农业的差别,指出美国农业的高能耗,反思"石油农业"的弊病。

　　农业,曾经是利用数量丰富、可以更新的人的劳动力,从可以更新的太阳光源创造有用的能的一种努力。而现在却成了一种把不能更新的能变为可供消费的食品和纤维的转化体系。泊勒尔曼说,当人们把包含在农用燃料和化肥中的能,以及制造农业机械时耗用的能变成食品时,投入的这样的能至少要比生产出来的食品的能多出 5 倍。这就否定了那种骗人的、但经常被授引的说法:一个美国农民能生产出除他本身以外还够 52 人吃的食品,并以此作为生产效力的重要的指示器。①

哈里斯计算,中国水稻农业在耕作中每消耗 1 Btu 的人

---

① （美）R. D. 罗德菲尔德:《美国的农业与农村》(安子平,陈淑华等译),北京:农业出版社,1983 年版,第 3 页。此书依据的原译本为 Change in Rural America — Causes, Consequences, and alternatives Edited by R. D. Rodefield and Others. The C. V. Mosby Company.

力,能生产出 53.5 Btu 的热能。① 中国稻农每消耗一单位的能,他得到多于 50 单位的报酬;而美国农民每消耗 1 单位矿物燃料的热能,大约只能获得五分之一单位的报酬。根据这两个比率看,中国水稻农业比美国的农业体系的效率要高得多。后来作者举了稻草的例子,美国人是采取在田里放火烧的办法来清理稻茬,而在中国,稻草可用作烹调的燃料、还能烧炕和肥田。②

然而,今天的情景恰好相反,中国农村"火烧秸秆"屡禁不止;而美国的秸秆却用来喂牲口、搭建畜棚。澳大利亚的秸秆甚至加工成了牛甘草出口到中国。

生态学家蒋高明可以说是学术界最高调的生态农业推广者。而据他所述,他的"以自然之力恢复自然"的思路源于这样的经历。1992 年,英国利物浦大学的一位恢复生态学家应邀到北京讲学。在景山公园参观时,他问蒋高明:"景山下面的土壤是什么?"蒋不知道,对方说:"是煤渣。"这是他根据景山公园的英译(Coal Hill Park)猜测的结果。随后,这位生态学家利用随身携带的小铲子证实了自己的猜测——地表 30 厘米以下的土是黑色的。他于是感叹,聪明的中国人,利用了一点土覆盖煤渣,种植了一些本地的树

---

① Btu 为英国热量单位,1 Btu 为 1 磅水加热 1 华氏度所需要的能量,1 Btu 约为 1 055 焦耳。

② R. D. 罗德菲尔德:《美国的农业和农村》,第 49—50 页。

木,其他的地表植被就自然恢复了。

　　我是很向往生态农业的,但是举出这些例子,让人很尴尬。就好像是自己喜欢的电影不被周围人认可,送出国外得了一个奖,终于上档次了。以后跟别人介绍时,总是会强调"挺好的,在国外都得了奖"——这种方式实在是太不自信了,仿佛它的价值全寄托在国外评委的眼里。然而不这么说,又怎么能引起国人的注意呢?

9. 周作人散文中的博物学

一

　　同样一处景观,在不同作家的笔下会呈现出大异其趣的风貌。比如百草园,在鲁迅笔下是一处诗性的存在:"油蛉在这里低唱,蟋蟀们在这里弹琴……";而在周作人笔下则显示出质朴实用的一面:

　　　木莲藤缠绕上树,结的莲房似的果实,可以用井水揉搓,做成凉粉一类的东西,叫做木莲豆腐,不过容易坏肚,所以不大有人敢吃。何首乌和覆盆子都生在'泥墙根',特别是大小园交界这一带……据医书上说,有一个姓何的老人因为常吃这一种块根,头发不白而黑,因此就称为何首乌,当初不一定要像人形的,《野菜博录》中说它可以救荒,以竹刀切作片,米泔浸经宿,换水煮去苦味,大抵也只当土豆吃

92

罢了。

——《鲁迅的故家》

博物与科学都是周作人非常感兴趣的领域。钟叔河编辑的《周作人文类编④人与虫》一书从草木虫鱼、批判反科学、介绍物质文明史和医药、医学史以及大中小学和幼稚教育这些方面分类,收录了周作人的 300 余篇文章。书中某些文章,即使在今天看来,也仍有开启民智之功效。但是学术界对周作人的研究主要是在民俗学、文艺学、翻译等方面,而在中国现代科普领域,"周作人"这一名字非常陌生。《中国科学小品选》①以及《中国近代民众科普史》②等书中,几乎没有提到他的任何贡献。他在科普史上的惨淡地位与他所撰写的博物、科普文章数量之多、眼界之开阔是极不匹配的。

这种不匹配,很可能与周作人的政治变节有关,但我们也不能完全把原因归结于此,因为在人文学科的诸多领域,周氏的贡献已经被人们认可。那么为何在科普界,他的贡献却鲜有提及? 笔者认为,其主要原因在于周作人散文特

① 叶永烈:《中国科学小品选 1934—1949》,天津科学技术出版社,1984 年版。

② 王伦信等:《中国近代民众科普史》,北京:科学普及出版社,2007 年版。

点与新中国成立以来的"科普"（即樊洪业先生提出的"传统科普"）大异其趣。"传统科普"的特点是"第一，科普理念，是从主流意识形态的框架中衍生出来的。第二，科普对象，定位于工农兵。第三，科普方针，须紧密结合生产实际需要。第四，科普体制，中央集权制之下的一元化组织结构"。而周作人的散文，显然不具有这样的旨趣与追求。两者之间的差异可以追溯到20世纪30年代。

二

当时中国的小品文分为以鲁迅为代表的"匕首投枪派"和以林语堂为代表的"论语派"，两者矛盾尖锐。在当时的政治局势背景下，前者逐渐占据上风，并且开始提倡科学小品文。此后，科学小品文与救国、政治的关系日益紧密，因此中国主流的科普文学从诞生之初就与左翼文学联系密切，先天带有强烈的爱国热情和科学救国理想。这种特色甚至直接影响到科学小品文的风格与内容。《中国近代民众科普史》介绍了高士其的第一本书《我们的抗敌英雄》：

> 它是一本科学小品集……这本书最鲜明的特色就是思想性和战斗性非常强，把白细胞拟人为"将军"和"我们所敬慕的英雄"，称赞这些英雄一向不知道什么

叫无抵抗主义的。他们遇到敌人来侵,总是挺身站到最前线的。高士其把动员广大人民参加抗战作为自己义不容辞的责任,这些话正是给那些不抵抗主义者以揭露和打击嘲讽。

按钱理群的考证,20 世纪 30 年代,鲁迅与林语堂两派针锋相对时,鲁迅是左翼文学的先锋人物,而周作人实际上是"论语派"的真正灵魂。周作人 1935 年撰文反驳"匕首投枪派"所提倡的科学小品:"所谓科学小品不知到底是什么东西,据我想这总应该是内容说科学而有文章之美者,若本是写文章而用了自然史的题材或以科学的人生观写文章,那似乎还只是文章罢了,别的头衔可以不必加上也。"(《苦茶随笔》)从周氏在文中推荐的一些国外科普著作来看——法布尔(Jean Henri Fabre)的《昆虫记》(*The Records about Insects*),英国怀特(Gilbert White)的《塞耳彭的自然史》(*The Natural History of Selborne*)等(在周作人的文章里,Fabre 有时译为"法布耳",有时译为"法勃耳";Gilbert White 译为"吉耳柏特怀德",而 Selborne 有时译为"塞尔彭",有些译为了"色耳邦"),他在这里想表达的是,科学小品文应该是纯粹的、独立的,有自己的诉求与意志。他很推崇科学本身的趣味性,比如"曾劝告青年可以拿一本文法或几何与爱人共读,作为暑假的消遣"。(《苦雨斋序跋文》)而如果文章担负了其他的任务,比如"载道",那就不能算是科学小品了。他自己后来的文章中,虽然也免不了以科学来"载道",但他从未自诩这样的作品为"科学小品"。因此,早在他政治变节之前,就与后来创建中国主流科普文学的"左翼文学"决裂。

另一方面,从行文风格上而言,周作人对小品文的追求是"有涩味与简单味……以口语为基本,再加上欧化语,古文,方言等分子,杂糅调和"(《永日集》)、"兼具健全的物理与深厚的人情之思想,混合散文的朴实与骈文的华美"(《苦竹杂记》)。这种行文风格成就了他。然而,自1958年开始,主流媒体在"反右运动"与"大跃进"的时代潮流中改变了风格,大兴浮夸风、"瞎指挥"风,"左倾"宣传压倒一切,此时周作人的文章已不再适应形势需要。从1959年起,周氏发表文章的数量突然减少。一直到20世纪80年代,周作人才重新回到人们的视野。而此时学术界学科分类的精细化、人文与自然科学之间的日渐疏离,都阻碍我们跳出各自的边界去解读周作人,去挖掘周氏小品文中博物之美与科学精神之幽光。

三

周作人的科学情怀,主要偏重于"科学精神"方面,即以求真、务实的态度来看待现世,同时,又始终离不开对人的关怀。1923年年底,北京女子学院宿舍失火,学生杨某、廖某被烧伤又因缺钱救治而相继毙命。周作人"首先感到的,其一是现在的文科学生缺少科学的常识。倘若杨廖二生更多知道一点酒精的性质",就可避免悲剧,他指出,"这是教育家的责任,以后应当使文科生有适当的科学知识"。接着,他也抨击了现代医院制度的缺陷以及科学家的冷淡(《谈虎集》)。

他曾感慨:"现在的中国人民,不问男女,都一样的缺乏常识,不但是大多数没有教育的人如是,便是受过本国或外国高等教育的所谓知识阶级的朋友也多是这样。他们可以有偏重一面的专门学问,但是没有融会全体的普通智识,所以所发的言论就有点莫名其妙,终于成为新瓶里装的陈的浑酒。"(《谈虎集》)科学精神的"缺钙",正是中国近现代科普的短板。1930年《科学月刊》创办一周年后,编者在《周年独白》写道:

> 今日中国之所需,不是科学结果的介绍,是在科学精神的灌输,与科学态度的传播。科学的结果产品,得之甚易……但科学所以得这些结果的精神和态度,则自中国人知有科学至今日,尚是微乎其微。所以中国人对于科学,始终是猿猴式的模仿,未能达到人类性的创造。

至于博物,则有两方面的含义。古代中国人的"博物"观念最早用以指代有关动植物的基本知识,而作为古人动植物常识教科书的,则是中国最早的分类辞书《尔雅》。书中的博物知识实际上属于经学中的一个分支——名物研究,主要是对《诗经》等儒家经典中出现的禽兽草木及其他物品的名称与用途进行对照考察,进而研究相关的典章制度风俗习惯。它与近代新式教育所确立的"博物学"知识体系并无多少历史渊源关系,清末随着新知识的引进,蔡元培在《植物学大辞典》的序言中指出,"欧化输入,而始有植物学之名,各学校有博物教科"。《钦定学堂章程》规定,中学堂"博物"为必修科,4年分别教授动物、植物、生理和矿物4门课。此后,虽然课程名称与内容都有过调整,但"博物即是动物、植物、矿物、生理等学科的总称"这一概念,基本延续至今。

　　周作人既接受了传统国学教育,也经历了西方现代思想的启蒙,所以他大体上是以现代科学的眼光重新审视附属于儒家经学的名物研究。比如他对清代学者张文虎的《舒艺室随笔》评价甚高:"古人观察物情或多谬误,此亦不足怪,但后人往往因袭旧说,不知改止,乃为可笑耳。张君知道缢女非缢,与郝兰皋(即郝懿行,清代经学家、训诂学家)的意见相合,可谓难能矣。不佞考据非所知,但觉得即此一节已大可取。盖自然之考据在中国学士文人间最为稀有可贵也。"(《书房一角》)他认为孙仲容"对于古人凭了想象,不合事实的事物,悉归之于失实,这是很对的"。(《木片集》)而李登斋的特色是"盖不盲从,重实验,可以说是具有科学的精神也。"(《瓜豆集》)《记海错》里提到:"可是中国学者虽然常说格物,动植物终于没有成为一门学问,直到二十世纪这还是附属于经学……"(《风雨谈》)

此外,周作人对谱录类书籍评价甚高,比如清代陈淏子的《花镜》,"他不像经学家的考名物,专坐在书斋里翻书,征引了一大堆到底仍旧不知道原物是什么,他把这些木本藤本草本的东西一一加以考察,疏状其颜色,说明其喜恶宜忌,指点培植之法,我们读了未必足为写文字的帮助,但是会得种花木,他给我们对于自然的爱好。我从十二三岁时见到《花镜》,到现在还很喜欢他。"(《夜读抄》)他还提到徐光启亲自试吃《救荒本草》上提到的植物,赞誉其对实际问题的关注及实证精神。(《知堂集外文·〈亦报〉随笔》)

出于对"观察"与"实证"的推崇,周作人花了大量笔墨推荐西方经典博物学读物,对《塞耳彭自然史》评价尤其高,"写自然事物的小文向来不多,其佳者更难得。英国怀德(Gilbert White)之《自然史》可谓至矣,举世无匹"。(《夜读抄》)他在很多文章中都引用了该书的内容,同时还推荐了《昆虫记》,希望国内学者能翻译这类作品:

（法布耳说）"我的书册，虽然不曾满装着空虚的方式与博学的胡诌，却是观察得来的事实之精确的叙述……"小孩子没有不爱生物的。幼时玩弄小动物，随后翻阅《花镜》、《格致镜原》和《事类赋》等书找寻故事，至今还约略记得。见到这个布罗凡斯（Provence）的科学的诗人的著作，不禁引起旧事，羡慕有这样好书看的别国的少年，也希望中国有人来做这翻译编纂的事业，即使在现在的混乱秽恶之中。

——《自己的园地》

周作人的梦想，在若干年后得以实现。最近我查看某网站上的生物类科普书畅销榜，排在前10位的，大约有8本是翻译作品，而原创的两本，也是以观察为主的自然笔记。

四

中国近现代生物类的科普文章中，有不少是纠正自古以来与动植物相关传说的谬误。如贾祖璋的《金鱼》批驳了"蚕子变金鱼"的荒唐。周作人的很多小品文，也涉及这方面。不过，与科普作家不同的是，周氏并非仅仅对谬误进行知识上的更正，他还进一步挖掘了这些流传甚久的谬误所仰赖的文化传统与民族心理。他认为：

> 中国人拙于观察自然，往往喜欢去把他和人事连接在一起。最显著的例，第一是儒教化，如乌反哺，羔羊跪乳，或枭食母，都——加以伦理的解说。第二是道教化，如桑虫化为果蠃，腐草化为萤……
>
> ——《风雨谈》

另一方面，由于中国古人没有专门研究动植物的传统，所以相关书籍少之又少，"这在从前是附属于别的东西，一是经部的《诗经》与《尔雅》，二是史部的地志，三是子部的农与医。地志与农学没有多少书，关于不是物产的草木禽虫更不大说及，结果只有《诗经》《尔雅》的注笺以及《本草》可以算是记载动植物事情的书籍。"（《风雨谈》）

周作人小品文的另一大特点是，引证多，牵涉的知识面极广。鲁迅晚年曾感慨过，文坛上读书多的当数周作人了。他的阅读功底，充分体现在其批驳对自然现象的种种误读、提倡尊重事实的小品文里。以《猫头鹰》为例，"枭鸩害母这句话，在中国大约是古已有之。其实猫头鹰只是容貌长得古怪，声音有点特别罢了。除了依照肉食鸟的规矩而行动之外，并没有什么恶行。世人却很不理解他，不但十分嫌恶，还要加以意外的毁谤。"作者引出清代姚元之《竹叶亭杂记》卷六上一则有关"枭鸟食母"的笔记。随后又举出英国怀德(Gilbert White)在《色耳邦自然史》(*The Natural History of Selborne*)中提到的关于猫头鹰所在树洞里的毛骨:

　　……他们正在挖掘一棵空心的大秦皮树,这里边做了猫头鹰的馆舍已有百十来年了,那时他在树底发见一堆东西,当初简直不知道是什么。略经检查之后,他看出乃是一大团的鼹鼠的骨头(或者还有小鸟和蝙蝠的),这都是从多少代的住客的嗉囊中吐出,原是小团球,经过岁月便积成大堆了。盖猫头鹰将所吞吃的东西的骨头毛羽都吐出来。

　　　　　　　　　　　　　　　　　　——《苦茶随笔》

　　作者对比两篇文章的年代后感慨,姚元之所记事为怀德死后两年,而差异却如此之大。"中国学者如此格物,何能致知,科学在中国之不发达盖自有其所以然也。"

五

　　"保护野生动物""保护生物多样性"的呼声是随着当今生态环境的日益恶化而提出的,而在周作人的很多文章里,已经体现出这样的观念。如《犀牛》一文提到,由于传统

观念认为犀牛角能够"解诸毒药",所以在中国的需求量
很大。

  据一九二九年记录,在一年里有一千多只犀牛被
捕杀,就只为供给中国的需要。这种迷信据说在某种
阿拉伯人的部落也有,以为持有犀角所做的酒杯,可以
免于被人酒里下毒。中国现存也多是犀牛杯,原因亦
是为此,但在现代这已经没有必要了。免除这个迷信,
一年中可以保存不少只犀牛,在现今这种动物不很多
的时候,似乎也是好事。

——《木片集》

  《蝙蝠和猫头鹰》里说,由于蝙蝠在民间被认为是老鼠
所化,便有人把它算在"四害"之内,当做变相的老鼠看待,
看见一个打一个。他在文中劝阻这种行为:"其实蝙蝠并不
是老鼠一类,更不是它变化出来的,而且现在要讲除四害,
更非保护它不可,因为蝙蝠是益兽,专门吃各种虫豸的。"猫
头鹰是"不折不扣的益鸟,是人类的朋友。有一个德国博物
学者,曾经检查过猫头鹰所吐出的七百零六个毛团里,查出有
二千五百二十五个大鼠、鼹鼠、田鼠、臭老鼠和蝙蝠的残骨,此
外只有二十二个小鸟的屑片,大抵还是麻雀。……我们在城
市住的人,难得遇见猫头鹰的机会,但愿乡村住民加以保护,

记住它是益鸟,不加以迫害,那就好了。"(《木片集》)

周作人对动植物学常识的推介,不仅仅限于一些广为流传的谬误,还涉及通俗文学作品以及民俗中许多不为人在意的细处。如《水浒传》里说武松打虎,第二十七回云:

> 原来那大虫拿人,只是一扑一掀一剪,三般不着时,气性先自没了一半。

> 到了现在,动物的各种习性已渐明白,可以证明上边的话是没有根据的。据说这种食肉兽捕食,只在一扑,这是百无一失的,万一失败,还是从头再来,亦不用一掀一剪,若是这再不着,便只罢休,反正获物多是快腿的动物,既经逃脱,没法去追,它也决不追赶的。

> ——《木片集》

六

周作人提到的某些常识性错误,到现在仍广为流传。《苋菜梗》里批驳了古书上对于苋菜与甲鱼不可同食的禁忌:明代王世懋所著《学圃杂蔬》云,"苋有红白二种,素食者便之,肉食者忌与鳖共食。"《本草纲目》引张鼎曰,"不可与鳖同食,生鳖瘕。"《群芳谱》采张氏的话稍加删改。"随后作者说,"苋菜与甲鱼同吃,在三十年前曾和一位族叔试过,

现在族叔已将七十了,听说还健在,我也不曾肚痛。"(《看云集》)

实际上,关于"苋菜与甲鱼不得同吃"的禁忌,多属于以讹传讹,然而有些描写实在太绘声绘色,而且假以医学之名,因此流传甚广。比如南宋张杲《医说》卷7"食鳖不可食苋"条转引了南宋初年的农书《分门琐碎录》中的一段文字,记录了温革担任郎中时误服鳖、苋,中毒后,"乃以二物令小苍头食之",结果食者死亡。将尸体放置马厩中,"忽小鳖无数自九窍涌出,散走厩中,惟遇马溺者,辄化为水"。这条记录近乎神话异志,而且抄本《分门琐碎录》并未提到此事。

但是,这一禁忌具有顽强的生命力,在网上输入"苋菜 甲鱼",都会出现大量"两者同吃或中毒"的结果,但是并没有哪一条提供了规范可信的科学证据,大部分是依据民间传言、古代的医书等。我甚至怀疑,也许古人出于怜悯之心,故意编出这样的理由让人们别吃甲鱼?毕竟,它和乌龟一样,通常被认为是长寿且有灵性的。但是在今天,抛开"相克"说,我们完全可以找到更合乎逻辑的方式来劝人们别吃甲鱼。甲鱼需要温暖的环境,因此养殖甲鱼需要持续取暖供热,这就造成渔场周围雾霾频现,且水域又黑又臭。浙江余姚为了整治温室甲鱼养殖造成的污染,投入了1.8亿元资金补偿养殖户,不少街道的甲鱼棚已在2014年关停。

食物相克的禁忌甚至已强势渗入流行文化。根据同名小说改编的电影《双食记》讲述了妻子利用食物间相克原理，暗害不忠的丈夫，使其慢性中毒，死在相克的食物中。有记者报道，在电影公映后，食物相克的书籍愈发畅销。

科学家们一直在努力澄清这一谣言。2011年有好几家研究机构和媒体共同举办了关于食物相克的研讨会，与会的学者分别从中西医、营养学等角度驳斥了食物相克的说法。[①] 但总体来说，"相克说"在民间舆论层面还是占据了压倒性优势，科学家的声音微乎其微。

七

周作人曾经从国民性的角度来思考中国迷信之风盛行的原因以及新文明的发展方向。他认为支配着国民的，主要是"道教（太上老君派的拜物教）"与"萨满教的（巫术）狂热"。中国儒家文化虽然"注重人生实际"，具有"唯理的倾向""大家都以为是受过儒教'熏陶'，然而一部分人只学了他的做官趣味，一部分人只抽取了所含的原始迷信，却把那新发生的唯理的倾向完全抛弃了……我只觉得西方文明的基础之希

---

① 魏世平：《餐桌上隐藏的危险》，北京：东方出版社，2012年版。

腊文化的精髓与中国的现世思想有共鸣的地方,故中国目下吸收世界的新文明,正是预备他自己的'再生'"。(《谈虎集》)

周作人非常重视"接地气"的、对民族思想的劣根性对症下药的科普作品。

> 思想的抽屉里的废物与这些东西不同,并无可以利用的地方。例如说乌鸦反哺,鸱鸮食母,百鸟朝凤,红裙捕蚰蜒等故事,一看只是非科学的,实在都从封建思想生根,可以通到三纲主义上去,虽然觉不出压在背上,却是潜伏的霉菌,恐怕有更大的害处。尝见外国杂志上有过连载的读物,一段段的都是讲古来传说的事情的错误,我们中间哪一位能够写一册同样的小书,不但有益于人,也是颇多趣味的。
>
> ——《知堂集外文·〈亦报〉随笔》

然而,现代生物科学与民间传说的结合,似乎一直没有受到重视。

自从现代生物科学在中国发展壮大以来,中国传统文化中与动植物有关的知识便淡出了科学家的视野,在正统的科普市场上它们被默认为是不该存在的。然而,这些传说在民间的口口相传中仍然保持着旺健的生命力,由于科学家的缺位,公众往往容易把这些知识也与科学混为一谈,而当某些谬误披着养身保健的外衣,就更具有迷惑性了。周作人深谙谬误的顽固性:它们不会因为科学家的视而不见而自动消失。他提到,应该区分传统迷信中已经失去生命力的部分和仍然具有生命力的部分,并且通过文化建设或者行政力量来纠正那些活的且具有危害性的迷信。

八

呼吁培养青少年以及普通人对博物学的兴趣,是周作人小品文中的另一个重要主题。

> 要动员中小学教员,会合了学生去动手,这才可以使得儿童发生自然研究的兴趣,一方面实物的名称的调查也于学术上很有帮助。天荷叶、狗尾巴草、赤包儿、豆腐粘、红蜻蜓、油葫芦这些东西与儿童生活多么有关系,从前上书房的时代你禁止他也还是要偷偷地去搞的,如今有老师领了去做,那里有落后之理,所以我想一定是为小朋友们所赞成的。
>
> ——《知堂集外文·〈亦报〉随笔》

> 我屡次劝诱青年朋友留意动物的生活,获得生物学上的常识。
>
> ——《立春以前》

我个人却很看重所谓自然研究,觉得不但这本身的事情很有意思,而且动植物的生活状态也就是人生的基本,关于这方面有了充分的常识,则对于人生的意义与其途径自能更明确的了解认识。

——《苦口甘口》

　　周作人认为,传统文化不太重视培养青少年对博物学的兴趣。这种情况在很长一段时间都没有得到太大改观。虽然动物、植物学作为生物学的分支,在我国教育领域能够占得一席之地,但是通行的教材都只是把它们当做冰冷精确的学科。这是还原论科学观盛行之下无法避免的大趋势。吴蓓是一位曾在国内某小学讲授过自然常识课的老师,在参观了英国一所小学后,她对自己曾经的授课方式产生了反思:

　　现在回想起来,我当年的教学太精确化、科学化了,一点不能触动孩子的情感与想象。他们学习的是干巴巴的鸟的定义,大概很快就会忘记。……斯坦纳说:“如果我们描述自然,而不与人相联系,这对 9 岁儿童是不能理解的。”与人相联系,首先要和孩子的生活相联系……科学发展的趋势是越来越抽象,影响到教育,就是课堂内容脱离人的生活和感情,老师在教室里讲什么是树、什么是鸟,介绍它们的特征等,却没有把动物、植物与人的生活联系起来。

——《飞翔在定义之上》

植物学者杨亲二也有相同的感慨,目前我国的大学分类学教学普遍十分疲软,在大学里几乎成为"绝学"……一门本来妙趣横生的学科,让学生学完以后竟误以为就是死记硬背,结果使绝大多数学生毕业以后都不愿意学习分类学。[1]

除了倡导青少年关注动植物的生活,周作人还提到,中国缺乏针对普通人的博物学书籍。

从旧书堆里找出几本外国的小丛书,其中之一是《高山的鸟》,又一册是《高山的植物》……我拿起鸟那一册来翻阅了一遍,细想起来,实在惶恐得很,这六十种左右的鸟类中间,我所认识的只有一种啄木鸟……虽然说是高山上的鸟类,比较少见一点,但是也何至于孤陋寡闻如此……清朝一个学者说过,看书中名字,不知道是什么形状,见了那东西的时候,又不晓得他是什

---

① 杨亲二:《过分依赖 SCI 正在损害我国的传统分类学研究——从 Nature 上的两封信说开去》,《植物分类学报》,2001 年,39(3)。

么名字,这话真说穿了我们的生物知识的一部分缺陷。至于认识的鸟里边,如啄木鸟、猫头鹰、乌老鸦又有各种分别,我们却又不知道了。

——《知堂集外文·〈亦报〉随笔》

至于个中原因,周氏认为,除了缺乏博物学传统之外,也有物质条件的限制:"爱玩花木,固然与玩古董金玉不同,却也须得生活上有余裕才行。……中国人对于花木的爱好之情本来是存在的,只需生活改进,便会对于自然之美与艺术之美一样的发生兴趣。"

九

传统中国在大多数的情况下,民生多艰,温饱尚且难以自顾,花鸟虫鱼对大多数国人来说多少显得奢侈,所以中国虽有博物传统,但并未得到太大发展。而到了近现代,博物学的几个次领域已衍生成各自独立的专业学门,如生物学、地质学、动物学等。西方科学传入中国时,清朝的自强运动首重军事和技术,故而博物学并未受到特别关注,在被清政府聘为翻译和教员的西方人中,也很少是博物学家或者对博物学感兴趣之人。而且在华西方博物学家并未参与清代中国的改革和引进科学的工作。因此在大众传播领域,"博物学"比较冷门。周作人的很多博物学文章,更容易归入民俗学一类。比如钟叔河曾举出周作人《蓑衣虫》中的一小段,评论其"短短数行中,自然史、语源学、乡土研究与文学欣赏的知识都有所接触"。

另外,周作人关注的某些问题超越其时代。比如他曾提到"我的博物知识本来也只有中学一点,因为小时候在乡下,认得若干草木禽虫,对于它们稍有兴趣,后来偶然翻外国书,觉得这一类的译名最为困难,学名外国名与中国名字,古名与俗名,都斗不拢,很是懊恼"。(《知堂集外文·〈亦报〉随笔》)对于当时社会来说,这一"懊恼"大概并不能激起太大共鸣,反倒是在当下才逐渐显出其价值。比如近来有人指出,前苏联流行歌曲《山楂树》和《红莓花儿开》中的"山楂树"和"红莓花"都是翻译错了,正确译名分别是"花楸树"与"莢谜花"。还有学者举出"山银花被误认为是金银花,导致农民受损"的例子,说明农民对于植物名称与实物、学名与俗名如果对不上号,就会影响农业生产。

保护生物多样性也是近几十年来才开始兴起。博物学水平的落后不仅意味着文化上的损失,甚至还会直接影响到一个地区的物种多样性。在我国西双版纳地区,生物区系成分复杂、物种多样性高度富集。当地村民在耳濡目染中,认识的鸟类数目极多。在印度、泰国、肯尼亚等国家,这种人才很可能成为"鸟导"——专门带领游客到野外观鸟的导游,收费较高。"鸟导"们很多是从猎人转化而来,从野生动物的捕猎者转化为旅游产业工作者。而从观鸟产业中获得的收益又促使他们更有动力来保护环境。但在西双版纳,当地村民仍然只是把鸟儿当做猎物,从而影响当地的物种多样性。究其原因,还是在于目前能够欣赏博物之美的中国游客数量太少,无法形成观鸟产业。

周作人的一些小品文让人感受到:当西方现代动植物学传入我国之初,人文与科学之间具有真诚的、深层次交流的意愿和能力;传统文化、民间习俗与现代科学之间具有相互弥补、相互促进、从而维持文理平衡的可能。而这些,正是我们在很长一段时间以来所缺乏的。

(原载于《科学文化评论》2012 年第 9 卷第 3 期)

10. 天为谁春

　　照照是古地图资料室里的一台数码相机。从一出生，他就注定要和各种各样的古籍打交道。秦时都城、汉时要道，巴蜀河山……工作人员用照照把它们拍下，然后传入电脑。浸润在这些古旧文字与泛黄的纸张中，照照比同龄的相机显得更单纯迂阔。有时候，他会看看窗外，看到他的同类拍草木伸懒腰、拍一朵流云的睡姿、拍年轻脸庞的浅笑……这些画面令他心生温暖，但是他在资料室待得太久，对于外面的世界，已经没有太多念想。

　　有一年初夏，资料室的人要出去旅游，于是把照照也带上了。初到目的地时，照照感到非常不适——空气中水分含量太高，阳光也异常耀眼。后来他才知，他们到了西双版纳，这里是热带，自然会有些水土不服。这地方，照照是知道的——他在纸上游过万水千山。资料室的人在一座植物园里走走拍拍，照照只是一副例行公事的态度，完全提不起神。直到他遇到一棵树。

照照本来是昏昏欲睡的样子,但是他们一群人都说:"这棵树太美了,一树的花呀!赶紧来拍几张。"他这才睁开眼睛——这样一见,他就屏住了呼吸,再也闭不上眼睛了。《诗经》上说,"有美一人,硕大且卷",原来世间真有这样的存在。她的树冠几乎可以覆盖一个足球场,树上开满了朝霞一样的花。即便这么高产,她对于细节也绝不敷衍:花瓣上每一处细微的褶皱都清晰无比,卷曲的花蕊仿如柔中带刚的隶书。哦,不,她的美还不在于这些。把镜头拉长,从远处打量,她又自有一种风流婉转,树干上一条条枝丫斜斜压下来,起风时,便若有若无地飘来一缕香氛。

他终于忍不住开口跟她打招呼:"你好。你是粉花山扁豆吗?"她有些吃惊,微微一笑说:"你怎么知道的?"他说:"标识牌上写着呢。"她问:"你叫什么名字?"他说:"我叫照照,我是随别人过来旅游的。"他停了停,又说:"我简直难以置信,你怎么能够长得这么高大,又开了这么多花!"她很少被人夸,所以听到这样的话,有点不好意思,跟他解释说:"嗯,可能是因为环境吧,我们这边很多树都是这样的。像我的好朋友蓝花楹,她长得比我还高,也能开满树的花呢。"他本来还想跟她多聊几句,但是他们一行人刚好拍完了,所以他只得离开。

回到宾馆,他还在回味那一树的惊艳。饭桌上,一行人提议晚上去拍萤火虫。照照于是怀着希望:能够再次遇到粉花山扁豆。下午,资料室的一行人又去沟谷雨林里面转了转,照照想看看还有没有开满花的树。雨林里面有些树的高处有很艳丽的花儿摇曳,这种景观还有个名字叫"空中花园"。导游说,那是鸟儿把兰花的种子送到大树上去了,兰花附生在高大的树干上生长开花,并不是大树自己长出的花。他远远地望着,有一朵兰花探出头来,给他抛了个媚眼。照照心里一慌,差点摔在石头上,这时他听见高空中传出一阵阵笑声,有花儿的、也有鸟儿的,他再也不敢抬头了。他们一行人留影的兴致极高,照照忙了一下午,拍了好多蜥蜴和大板根的照片。

夜幕终于降临,星星点点的萤火虫飞出来了。他们来到上午看到的那棵粉花山扁豆树下,打算拍一些流萤。"嗨!真高兴又见到你了。"照照一到树旁就急不可待地和她打招呼。她想起来,这是上午认识的照照,于是问:"你们下午逛了哪些地方?""去了沟谷雨林,差点摔到石头上。"

照照很好奇一棵树的日常生活,于是问她每天是怎么过的。她说:"每天早上,有一只黄眉柳莺来练唱,"忽然有一个声音打断了她:"我在这里!"他们循声望去,原来是一只娥眉淡黄的小鸟。粉花山扁豆笑了,和小鸟打了声招呼:"小眉,这么晚还没归巢啊,赶紧回家吧。对了,这是照照。"然后她对照照说:"这就是我刚才说的黄眉柳莺。每天早晨我在她的歌声中醒来。然后白喉扇尾鹟和灰腹绣眼会过来串门,我听他们讲园子里的新鲜事,顺带借着微风梳头。等到太阳出来,早餐时间就到了。我一边咀嚼阳光,一边看来来往往的游客。"

他问:"在你这里停留的游客,总是最多的吧!"她说:"不是这样的。你往那边看,"照照顺着她指的方向看去,"那儿是名人名树园,经常有人在那里留影驻足,导游在那儿讲解的时间也最长。那些树的人气才最旺,我这儿其实很冷清。"他于是赶紧道歉:"对不起,我不是故意惹你伤心,我只是以为别人都像我一样欣赏你。"她哈哈一笑:"没事的。"他看到周围别的大树和她都不一样,便问她,周围没有同类,会不会寂寞?她说:"我们这里的树,不同种类的要参差错落地搭配,要不然风景就会雷同,不好看。"一只小小的萤火虫在树下飞舞,她说,"寂寞是生命的常态。你看它,一年中,能够夜夜发光,嬉戏追逐的日子,也不过十来天吧。"他还想再说点什么,然而,电池已经发出警告了!今天拍了一天,能够撑到这个时候,他已经精疲力竭。照照恍然若失地望了她一眼,匆匆作别。

第二天的行程里,照照没有机会见到粉花山扁豆。在百花园、棕榈园逛了一天,他又被消耗了很多电。傍晚吃饭的时候,他听见桌子上的人在议论:听说游泳池今天换水了?要不要去游泳?一行人都跃跃欲试,只有一个女学生说,自己不会游泳,就坐在草地上看萤火虫、顺便帮他们看东西。"哦也!"照照一阵欢喜,因为粉花山扁豆就在游泳池旁边的草坪上。

"豆子小姐,我来了。"这一次见面,照照像一个老朋友那样,和粉花山扁豆打招呼。她微微有点吃惊:"照照,你好。"他想起一件事情,于是问她:"我发现,往那个方向,"他手指着她的左边,"每天早晨或者夜晚,就有人进去。但是那里并没有花,他们是去看什么?"她告诉他:"那边是百果园,溜进去偷水果吃当然要挑清晨或者夜晚人少的时候。"

照照忽然注意到,她的身体,虽然右边开了很多花,但是左边那一半却显得寂寥无生气。他指着左边,小心地问:"那个,你是不是生病了?"她抬起头看了他一眼,愣了一下。自从自己生病之后,往来的蜂蝶虫鸟,还有路人,都没有问过。现在居然被他发现了。她说:"去年生了虫害,左边的树枝都感染了。不过应该没事的,下一个花期,大概会治好吧。"他叹了一口气说:"可惜我不是园丁。"

粉花山扁豆问他平时都喜欢什么。照照想了想,挑了书上一些趣致的地图故事、各地风物讲给她听。说得累了,他们安静下来,望着星空。那一天的月亮很圆。夜空中忽然响起凄厉的叫声。照照一惊,她笑言,那是猫头鹰在叫。他说,如果是电影,此时宜配"月出惊山鸟,时鸣春涧中"的字幕。不远处,游泳池里的那群人已经上岸,女学生开始收拾东西。照照不舍地看着粉花山扁豆,然而镜头盖很快就扣上来了。

第三天,每当有路人经过,粉花山扁豆都留意了一下,看看他们手里拿着的相机。但是整整一天,都没有见到照照的身影。

第四天早晨,黄眉柳莺早早地来了。

"豆姐姐!"

"小眉早!今天怎么来得这么早?"

"昨天傍晚,我经过图书馆窗外的时候,一台相机叫住了我。"小眉大概飞得太快了,上气不接下气的。

粉花山扁豆静静地等着小眉:"别急呀,慢慢说。"

"他让我带口信给你。"他就是那个照照。"昨天他隔着窗户跟我说,他们资料组的人要拍一些本地的地图,所以他就困在图书馆出不来了。今天早上他就要回北方了。"

那年夏天,这棵粉花山扁豆的病情渐渐好转。不过这一年的花期很短,没开几天,花瓣就扑扑簌簌,落了一地。

秋天的时候,有一条新闻被全国各家媒体争相转载:版纳植物园的一棵粉花山扁豆被连根盗伐。"平时植物园的保安人员每天都要巡逻至凌晨两点,盗贼很可能是利用凌晨两点以后的时间,在大雨的掩护下,将这棵树连根挖出,然后通过罗梭江用船偷运出去。"

看到这条报告后,照照病了。资料室的人已经想买一台新的了,不过仍舍不得照照,于是送他去维修。在修理店,他昏昏沉沉地睡了数日。

照照心中充满了问号。这么大的树被移栽后,往往很难存活,尤其是在那样没有保障的情况下。她现在流浪到哪里了?粉花山扁豆是观赏树种,偷盗她的人,应该也是把她当做观赏树来交易吧。可万一是砍去做家具呢?真是让人担心啊。她肯定很想念黄眉柳莺还有兰花楹吧!另外,这件事闹得这么大,也许很快就会有人发现这棵树的下落。到时候很可能会再次移植回植物园,这样连续地折腾,她必定大伤元气……

回到办公室,照照恢复往昔镇守书斋的生活。工作人员把此次旅行的所有照片都拷入电脑,但照照私自留存了一张,作为隐藏文件,有月亮的晚上,便会轻抚那一树的花朵。平日里,他的目光依旧终日摩挲各式地图。

闲暇时,他也会看看窗外的云与树。北方的植物与节气有着清晰的对应,他看见玉兰花开,便知道清明已来;看见玉兰花落,新叶始发,便知道谷雨将近;再几日,桃花多起来,也就快立夏了吧。到了那个时候,植物园里那棵粉花山扁豆,也就红云压枝了。她还是那样美吧?那是一定的。遇见她时,她就仿佛已经开了千年的花,明艳如霞,从不曾萎谢。照照有时候会想,当她还是小树苗时,是怎么移栽过去的?她第一次开花,是什么时候?那样的繁盛期,举手投足都是诗,应该会令一整座植物园都熠熠生辉吧？书上说,西双版纳有一年遭遇冻灾,她当时也很冷吧？是怎样扛过来的？植物园一次次重新规划,甚至为了修建游泳池,把离她不远处的一些兄弟姐妹都砍伐掉时,她有没有流眼泪？对了,她自己是怎样躲过来的？……我想对你说的话,一整条河流都装不下。可是这一世,还有机会遇到你吗？他每天都在祈祷,期盼粉花山扁豆能够平安地返回植物园。

11. 无枝可依

今年夏天，终于结束了多年来辗转流离的生活，有了一个窝。于是，连着几个周末都泡在家具城里。考虑到老人和孩子，自然将甲醛含量少的实木家具作为首选。逛着逛着，心中却越来越纠结。不知道是因为广告上的森林画面让我复苏了某些记忆；还是因为售货人员说出的那些木材种类，胡桃、橡木、乌金木等，让我想起《树木学》课堂上记诵的那些拉丁文植物名，或者是因为其他的原因，我愈来愈抗拒实木家具。某次回到家后，我跟家人商量，要不咱们就买板材家具吧？大家不说话，妈妈开口了："先不是说好的买实木吗？"我试着解释，"因为我忽然想起来它们在森林中的样子，所以想法又变了。""你总是这样优柔寡断，树长出来不就是给人用的！"只因为这句话，我脑子里立即跳出十个人来为树辩护，然而我忘了当时说了什么，只记得眼泪顿时夺眶而出。

曾经听过的一场讲座中，谈到购买实木家具时应尽量选带有FSC(可持续林产品认证)标识的。很多乐器,比如钢琴、小提琴,都是用上等木材制造的,非洲乌木(黑黄檀)、巴西玫瑰木,等等,而这些树种正面临濒危。如果这些树木的产区能够维持它们的种群,使它们在满足木制品生产的同时能够不受到灭顶之灾,那么就可以申请FSC认证。如果我们在选购乐器时,优先选择这些带有FSC标识的,就相当于保护了这些濒危树种。中国部分林产品也加入了该认证体系,但是我们选择的那些实木家具,大概都不属于此列。

为了掩饰自己的失态,我从这个角度给家人解释了不想买实木家具的理由,以显得自己理智而正常。然而我心里明白,这个理由很牵强,我们选择的那些家具的材质,没有高档到"濒危"的程度。我真正伤心的是:这些树木,在我此前的人生中,一直以森林的形式而存在;而现在,它们却以家具的形式与我重逢。电影《怦然心动》中,女孩朱莉为了保护梧桐树免遭砍伐而爬上树不肯下来,在别人看来,这是一个古怪的坚守,而对她而言,这棵树意味着无数的日出与日落,意味着树梢上的鸟鸣、拂过枝叶的风以及从云层里落下的光影,所以她紧紧抓着树,那是她成长的依靠。而我,在那个盛大的家具城中,想起曾经的那些树,竟只能生出无枝可依的感叹。

二十多岁的时候,在云南的哀牢山生态站作野外调查,每天早早地出发,站上的向导和一位师兄开着一辆小车,行至杜鹃湖边。春天的时候,湖岸周围会开满杜鹃,因此得名。我们登上停在湖边的一条船,开到对岸。上岸后还需走上一段山路,在一片林子里,向导和师兄选好一块样地,然后向导拿着一把砍刀在前面开路,师兄拉着卷尺,我则抱着本子和铅笔跟着他们。拉好样方后,向导开始辨认地上的植物,师兄数每一种植物的数量,我则坐在地上、树桩上或者裸露在外的树根上,把本子压在膝上做记录。有时,他们念的"画眉草"会被我误写成"话梅草",师兄检查时会哈哈笑。他们认一会儿植物,就会聊一下植物园里面的人与事……也许是野外的调查太过枯燥,聊天是仅有的娱乐方式,他们对于八卦有着莫大的热情,有些事情会反复说上几遍。到中午肚子饿的时候,如果样地离站上不远,我们会回站上吃饭;如果样地较远,我们会在早上出发时备一点干粮,中午就在野外吃;如果恰逢夏秋季的雨后,我们会摘一点青头菌,然后到某户老倌家里炖汤。老倌家里的锅几乎不曾洗过。那位向导就用洗衣粉把锅洗净。我则负责洗菌子。饭后,大家躺在草地上,阳光从大朵大朵的木莲之间洒下来。

晚上,生态站的工作人员通常会打牌。有一天停电,师傅们无事可做,于是去抬蜂房。他们是这样制作天然蜂房的:把一截大树干掏空,在侧壁上凿一个小孔,两端则用圆木板封上(用牛粪糊住缝隙),然后将之放入森林中。过一段时间,透过小孔,如果看到足够多的蜜蜂住了进去,就把蜂房抬回来,很多个这样的蜂房集中在一处,就成了一个小有规模的养蜂场了。李师傅的蜂房最细致,每间房上还用石棉瓦作了遮雨篷。我觉得不可思议的是,在黑夜之中,他们在森林里顺着曲折蜿蜒的山路行走了很久,有时还会趟过深深浅浅的河流,却总是能分毫不差地找到自己的蜂房在哪里,或许是因为山上的月亮足够亮吧。

我还见过两次割蜂。选个晴朗的白天,先用刀把蜂房一端的圆木板撬开,然后将一点牛粪装到小碗里,点火燃烧,放在蜂房边,蜜蜂受不了烟熏,纷纷飞出来,这样就可以割蜜了。割下来的蜂巢上通常还粘着一些小蜜蜂,他们就用松枝将之刷掉。有一位师傅俯身从侧壁的小孔中观望蜂巢是否应该割的时候,那动作极像瑜伽中的"猫式":下巴以及胸部贴地,臀部抬高,双腿并拢贴地。我刚想给他拍照时,他却赶忙用衣服把头捂着,然后站起来。不知是因为害羞,还是怕蜜蜂蜇。

有一段时间在版纳植物园工作。一天晚上,我在植物园的龙脑香林里散步,走着走着,忽然想起《诗经》中的一段:

东门之杨,其叶牂牂。昏以为期,明星煌煌。东门之杨,其叶肺肺。昏以为期,明星皙皙。

125

东门之外的一棵白杨树下,一个人在等候着另一人,满树的叶子牂牂作响,黄昏时就能见到那人了!可是,一直等到繁星满天,那人还是没有来。杨树本是北方树,诗经也大多是记录北方的事情,然而我在盛产杨树的北方却没怎么体会到这首诗里的意境,反倒是在遥远的南方,在一片热带典型树林,龙脑香林里,忽然觉得自己仿佛就是三千年前,站在树下的那个人。

这种感觉上的误差,大概是因为树木地位的改变。杨树是一种身形高大的树种,而在房屋低矮简陋的古代,它就显得更为高大了。因此,诗人把它作为感情生发之处,把它和天上的星星相提并论。一树的"牂牂"与"肺肺",也如晨钟暮鼓一般,慰藉着不安的灵魂。但是当楼房建得越来越高,杨树便显得越来越低矮了,等待某个人的地点渐渐移到水泥森林;当车马的喧嚣越来越大,杨树叶子发出的声音也被淹没,伤心的人,再也听不到一树的叶子传来的抚慰。而在龙脑香林子里,天地间似乎只有高高的望天树和青梅,黄昏的阳光静静穿过树叶的缝隙,然后是熠熠的星光轻洒叶面⋯⋯这样的日夜流转,仿佛已经在林子里存在了几千年。

尽管与森林厮守了那么些年,但是最终,我并没有成为像蕾切尔·卡逊这样的女子,写出《寂静的春天》这样的作品,以保护森林和生态环境为生;我也没有为一棵树做过一件特立独行的事情,比如澳大利亚维州两位老太太,91 岁和

62岁,将自己绑在一棵百年赤桉老树下,以避免其因拓宽西部主干公路而遭砍伐,"希望至少能为后世子孙留下点东西,这或许是墨尔本到阿德雷德最美的一段风景了";我甚至也没有参与过类似于南京市民发起的绿丝带活动:保护南京市内的行道树不因为修建地铁而移栽、死亡……我的生活与森林渐行渐远,最终成为一个在家具城中比较各品牌实木家具的庸碌之辈,成为我曾经一度鄙视的那种"不见森林,只见家具"的人。

12. 漫天飞舞的 A4 纸

有人说:"死后把我的骨灰撒到森林里去吧,这一生我用了太多的纸,我要弥补那些树。"想想我浪费过的那些 A4 纸,恐怕三生三世都弥补不完。所以,写此文告诫自己:还是趁活着的时候,节约用纸吧。

有一段时间在综合办公室工作。每天的一项固定任务就是:将外界发来的文件、传真交给上司 a。a 将它们筛选一遍之后,再交给他的上司——A 或者 B。我们的传真机设置为自动接收,因此难免会收到大量的垃圾传真:假账、发票、烟酒、全国厨师大会……每天放进传真机里的纸,总是飞快地被这些内容消耗掉。怎么办? 更改它的设置是不现实的,因为当时办公室另外一个资历比我老的女孩不愿意将传真改为"非自动接收",理由是"我们的工作量太大,不能再额外增加麻烦了"。后来我想到的办法是,把没有用的传真件或者其他只用了一面的纸张再次放进传真机里,于是新的传真内容可以印在它们的反面,以此达到二次利用的目的。本以为这是个好方法，然而有一天，a 对我说："你节省资源、有环保思想，这是好事。但是交给领导的传真文件背面，都是一些无关信息，他们看了会不高兴的。"

这里需要解释的是，我所在的那个单位，实际上是以生态和环保作为核心理念之一的单位。而且无论 A 或者 B，都是很注重节约资源的。有一次其中一位群发邮件，说"虽然我很怀疑全球变暖的真实性和科学性，但是低碳的生活方式还是值得提倡的。楼道的灯经常白白点着，建议大家随手关灯。"这样的一个人，我相信他会认同节约用纸的行为。但是我不知道怎样在不得罪上司 a 的情况下，让 a 的上司 A 或者 B 接受我的"双面传真"。这已经不是一个环保问题了，而是一个"办公室政治"的问题了——有一天舍友跟我说了一道求职面试题："如果你的上司给你提出一个思路，而你上司的上司则给你提出另外一个思路，你应该怎么办？"我回答"那就按上司的上司的思路来办呗"。她立刻否决，"绝对不能这样。你千万不要让你的上司觉得你有'越级交流'的嫌疑。你可以尝试着说服你的上司，但是不要说这是他的上司的意思"。

后来，利用职代会征求职工意见的机会，我把"双面用纸办公"的事情写了一条提案，交给了青年职工代表。不过，这条提案很快就被淘汰了——与青年职工更加密切的幼儿园建设、子女入学、住房等问题才是更值得关注的焦点。我这一条与任何人的福利都无关的提案，自然毫无悬念地被淹没了。

也是在那家单位工作的时候,有一次连续两天加班到深夜:第一天工作到零点,第二天是凌晨一点半。因为面临一场检查,所以要临时印制一些与那场检查相关的规章制度,等等。我们依据上级部门的红头文件的指示,依据兄弟单位的范本,一丝不苟地制造出一摞摞原本不存在的规章制度、审批表。估算了一下,就我负责的那一小块,总共大概耗费了3 000张A4纸。我多么不愿意看到这一幕,然而我却是亲自参与者。

这场大规模劳民伤财之事,起因据说是某单位的人将工作文件带回家去处理,谁知家里的电脑上有木马,将他的文件窃取到国外。于是,全国各地所有相关单位都要来一场信息安全教育和检查。本来重点是计算机这一块,但是大家都希望检查的时候内容能够翔实一点,于是纷纷制造出各种规章制度。这些资料基本上都是临时编造出来的,以兄弟单位的一本汇编资料为例,错别字很多,显然是仓促之间赶制出来的。而人家已评为示范单位,所以我们也得效仿。于是对于这场检查的准备就已经渐渐偏离主题了——计算机这一块已经不是重点;起草、打印、复印文件才成了重点,那位可怜的电脑网络技术人员,白天负责检查全单位的电脑,而晚上也不能歇着——要陪我们一起设计"文件汇编"的封底封面、要起草各项内容。而本来是重点的与保密工作相关的木马病毒,却只是我们辛苦劳作间隙穿插的谈资。不同年龄、不同学历、各个岗位、各个工种的同事都从各自的角度来分析这场加班的无意义性，然而大家还是熬到深夜。后来，究竟浪费了多少张 A4 纸？我没有数，只知道很厚、很厚。

关于造纸与森林，总免不了声势浩大的辩论。比如云南金光集团对于种植桉树的辩护。冯永锋在《拯救云南》①一书中对这场争论写得很详细。"2005 年 6 月，我去拜访一位资深林业专家。他拿着 4 月 14 日的《云南日报》给我看。这是一个整版面向金光集团倾斜的报道……报道以贫困作为'文学切入口'，指责反对大面积种植桉树的人是在'漠视贫困'。"姑且不论种植桉树是否真能提高当地贫困人口的生活质量；也不论破坏原生林对生物多样性以及土地生产力的影响；单只凭"受利益因素驱使而做的研究"，就很难保证其客观性。

后来，我到出版社工作。员工培训期间，有一位企业的老总讲数字出版，她讲到自己选择这个行业的初衷，是源于某次目睹了纸张制作的过程，自己差点被熏晕，于是决心让这个世界多一点电子书，来替代纸质书。我不太相信单纯依靠技术可以拯救森林。但是得知这个世界上，有人和你一样爱树，并且做一些事情来保护它们，终归是一件给人希望的事情。

（原载于《中国科学报》2012 年 7 月 20 日）

_____

① 冯永锋：《拯救云南》，呼和浩特：内蒙古人民出版社，2006 年版。

13. 恐虫记

从记事起,我对各种动物都退避三舍,尤其害怕虫子,一看到虫子就联想到它在我身上到处爬的情景,也会联想到如果我跌入一个全部都是这种虫子的大池子里会怎样……对于一个相貌平常的女孩而言,"害怕虫子"真是一件很尴尬的事情,因为这种习惯理应是小美女的专利,其他女孩如果也因为见到一只虫而尖叫,难免有东施效颦之嫌,用我们方言说就是"鬼作",很有点不屑的意味。所以我只有尽量避免与之相见。

一

但偏偏,我去西双版纳了。在那里,环境时刻逼迫你改变习惯:早上醒来,漱口杯子里会发现蜗牛;上卫生间,会偶遇青蛙;洗衣机的滚筒里有时会躺着一只懒洋洋的四脚蛇;6月份的夜里,顶着黄绿色灯笼的萤火虫悄悄飞进卧室里……"门前一棵大树阴凉,闪闪的树叶在发光,蚂蚁拔着吉他吟唱。"我的窗外差不多就是这个景象,只是,虫们除了拔着吉他吟唱,还喜欢在我的杯子里游走。每天见面,也就见怪不怪了,只是见到蟑螂,依然会尖叫。相比之下,蜘蛛更为憨厚一点,它们很少露脸,即便偶尔露一小脸,也是安居一隅,像个壁挂。壁虎也是常客,小时候父母常训导说,千万莫让壁虎爬到你耳朵里去,不然就会耳聋。这当然是迷信的说法,但是恐惧的印象已经根植于心,所以每见此物,都惊惧异常。但是有一天中午,看见一支通体透亮、微微有点粉红色的小壁虎在窗子上蹒跚而行,忽然觉得十分可爱,宛若刚学爬行的婴孩。

久久地看那些藤蔓植物,竟能觉出它们在生长:一段细嫩的枝条离阳台栏杆尚有一段距离,它抖动得很厉害,似乎在可劲儿生长,以使自己够到栏杆,像学步的小孩想要抓住一根离得最近的单杠。在隔壁的房间,许是久未住人的缘故,好多枝绿色的小手臂已经牢牢攀附住了阳台栏杆。

还有各种各样的叫声。一般而言,不外乎蝉鸣蛙咏、猫头鹰以及蛤蚧(当地人俗称"水锅盖")的叫声。但在某些深夜,外面会突然传来一声凄厉的哀号,让人不由得猜测,谁又成了刀俎,谁又成了鱼肉。有时,会听见某种动物的叫声非常近,好像就在阳台上,但是当我把灯关上,那叫声就停止了——它仿佛是大学时候的舍监,催促你快点熄灯。

在雨季,窗外的雨打芭蕉声循环播放。相比雨声,虫叫的声音更催眠,更让人安心。也许是因为雨打芭蕉时,多是伴着很忧郁的事情发生,"懊恼伤怀抱,扑簌簌泪点抛";而"听取蛙声一片""蝉噪林逾静,鸟鸣山更幽"的意象,则是通往自然,于是便觉阔廊达观。

最好的季节是春天,走在路上,眼前时不时都会出现一大片蝴蝶,就像是影视剧里为了表现香妃"体有异香、蝴蝶翩至"时,用电脑合成的特效。午时从昏睡中醒来,秋香色的"蝶烟"弥漫四周,再怎么粗糙冥顽的心境,也会倏忽产生一点浮生若梦的感觉。不过,这里的蝴蝶似乎并不仅仅是恋花,它们对各类事物都有着平等的关注:废弃物、动物排泄物、篮球架。

萤火虫在每个晴朗的夜晚都上演着烟花璀璨,致命情深。昆虫学家介绍,植物园中目前发现了3种萤火虫:每一种雄萤都发出不同的脉冲光信号,只有同种类的雌萤才能争取交配。雄萤夜夜交配,几天就精疲力竭地死去;雌萤交配一次后,就不会再接受其他的雄萤,静静地把卵产在泥土的缝隙中,20天后,新生代出现,萤妈妈死去。新的生命轮回开始了。

油黑、黄绿或是五彩斑纹的小毛毛虫在铁门上、水泥地上毫无目的地爬着;嫩红小蜈蚣还没蜕过皮,走起路来跌跌撞撞;刚刚长出翅膀的白蚁飞起来、想要成个家;蜉蝣在吊桥两端的灯光下盛放——空中是它们的婚房,地面是它们的坟茔,朝生暮死,连进食都顾不上,真正"24小时的爱情是我一生难忘的美丽回忆";牛蛙小小的个子,静立于水边,却发出如牛一般的声音响彻山谷。它是在"琴瑟友之"吗?不知道有没有招来配偶,反正是招来了树蛙。据说,树蛙听见牛蛙的叫声,就循音而去,从而找到水塘。

二

我以为版纳的美,治愈了我的恐虫症,然而却不知,真正的考验始于夏天。六七月份时,一种又粗又黑的毛虫大规模出没。随便扫一眼路边栽种的变色木、蓝花楹或者其他乔木,便会发现黑压压的一群毛虫纵情横陈于树干上。有时,它们悬挂于树枝,粗心的路人会迎面撞上。

彼时,我和林师姐住在靠近竹林的一排老房子里。每两个人一套房子,附带一个小院子。父母也在那里住了一阵。每天下班回来,我一进屋便会在院子里发现两条黑毛虫,然后大声告诉正在做菜的爸爸,哀求他把虫子弄出去。并不是刻意搜寻,而是一垂首、一抬头就能发现虫子。可能一个人怕什么,就会本能地对什么东西敏感。

过了不久,父母离开版纳,同住的林师姐也去野外出差。屋里只剩我一人,而黑毛虫的朝代仍处于盛世。我每天回屋,依然是只扫一眼就能发现一两条粗壮的虫子。其实它们对于人并没有多大妨碍,但是由于我对毛虫有一种病态的恐惧,所以实在无法与之共处一屋。于是我打算每天请一个人到家里吃饭,条件是:对方帮我把虫子弄出去。本以为凭借此法可以安然度过余生,可是此法只维持了两天就作罢——叫人吃饭原来并不是一件容易的事情。在那个小镇的植物园里,到了饭点,有家有口的人自然会在炊烟升起时回家,没成家的人三三两两也凑好了长期固定的饭搭子;再者,很多研究小组在开完组会后就顺便出去聚餐。像我这样一个忽然多出来的人,很难在短时间内找来那么多临时的饭搭子。

于是,我打算自己来解决黑毛虫问题。有一天下班,我进屋照例巡视一圈。很快发现一只。我极其慎重地拿起一支木棍来摁压它。我害怕看到虫子的尸体,于是把某个女孩遗留在我们屋里的一只绣花鞋压在虫上。压了好一会儿,再打开看,却发现虫子不见了!难道它跑到我身后了?我团团转圈,却未发现。再一细看,原来成为尸体的虫子变得很小……做完这些,我才发现,衣服已经全部汗湿了。

我是相信因果报应的,所以对于杀生,多少会有些心虚。不知是不是因为这些虫子,那段时间我经常做噩梦。有一天梦到一个人把小孩抱在空中玩杂技,结果小孩摔下来了,脑震荡……但是,怎么办呢? 有些恐惧实在很难改变——比如有恐高症的人,站在望天树景区的空中走廊上,自然会不自觉地流汗、脸发白。而我对于虫子的恐惧,也很难根除。

我很羡慕有些朋友,无论多么难看或者可怕的生物,她们待之,都是爱怜满满。比如林师姐,她在夜游野外样地时用单反近距离拍摄竹叶青,拍得通体透亮,像翡翠在流动。比如某位年轻的妈妈,走在路上忽然蹲下,捡起一只细小的条状物说:"好可怜的小蛇,过马路时被车轧死了。它还这么小……"还有无忧花(这是某女友的"自然名",即借用某个物种名作为自己在大自然中的名字),她在日志上常常贴出蛞蝓(鼻涕虫)、毛毛虫、青蛙的图片,并且给它们配上各种对白;住在植物园学生公寓3楼,甚至还有蜂子跑到她衣柜筑巢,而她也一直没有赶它们走;有蜘蛛在我房间的窗帘上产卵,密密麻麻犹如芝麻,她就耐心地一个一个移到室外。大学时的几位同学,对待虫子也很坦然。《昆虫学》是必修课,书上印了很多昆虫图案,结课时,老师布置了一项任务:全班分组,每4人一组,要在3天内收集50种昆虫。我们那一组,我善于发现虫子,另外几位则是捕虫高手。印象比较深的是一条黄绿相间的毛虫,它让人联想到柠檬味口香糖。那时候没有什么动物保护的概念,收集来的虫子,并不管它们死活。我记得有一个瓶子里还装了有毒物质,专门装那些比较麻烦的虫子。"柠檬味口香糖"就在那瓶子里挣扎了好久。隔壁班的女生知道我们的捕虫任务后，晚上会到我们宿舍来送金龟子之类。直到后来我们的课已经结束了，还有人来送虫子。

三

离开版纳之后，就很少再见到虫子了。因此每一次见面，都是值得大书特书的事情。有一次在科学史所听了一场由动物所张润志老师所讲的主题为"昆虫"的讲座。PPT首页就是一只肥硕的绿色肉虫……恐虫如我，居然也津津有味地从头听到尾。虽然原先拟定的主题是"生物入侵"，不过后来的主题则偏向"从小到大都痴迷昆虫是怎样的体验"。他说，从小就对虫子感兴趣。把粉笔的一侧掏空，雕刻成小汽车模型，然后把捉来的虫子放在下面，结果满桌子"小汽车"都在跑来跑去。对虫子的兴趣一直维持到高中。高考填志愿时，瞒着所有人填报了北京林业大学的林业昆虫防治专业。这个专业在当时的人看来，连农学都不如——农学好歹还在平原上，而林学还要上山。村里人说风凉话，父母也觉得颜面无光。不过，这种委屈并未持续多久。上大学后，一路顺利，博士时还获得院长奖学金。

张老师在新疆考察时，无意中听到一位老农说，如果棉田周围有苜蓿，那么棉花的虫害就要少一些。他被这条线索吸引,于是调查这种经验是否属实。如果属实,机理是什么? 后来发现,确实如此。大致原理是:苜蓿中有一种害虫和棉花中的一种害虫害怕同一种天敌,所以如果棉田边种有苜蓿,那么就会招来这种天敌,它们在吃苜蓿害虫的时候也顺便享用棉田害虫,所以棉田的害虫也少了。当时我有点弄不明白为什么单独一种虫子吸引不来天敌,而要两种虫子才能吸引来昆虫。后来想明白了:棉花并不是一年四季都有的,所以棉虫也是时有时无。而苜蓿的生长则更丰茂长久一些,因此苜蓿害虫存在的时间也比棉虫更长一些,所以它们是天敌更为稳定、高产的食物来源。等到棉田里需要天敌了,就把这些由苜蓿害虫喂养的天敌投放进田中,来吃棉虫。张老师后来还讲了他们在新疆利用天敌防治马铃薯甲虫的办法。这是一种颇有名的昆虫,当初 DDT 的发明,就是为了杀死这种虫子。DDT 获得了诺贝尔奖,而所有杀死害虫的农药,也形成了巨大产业链。但是生态防虫的办法,却很难得到这些。农药商人很讨厌这些搞生态学的——把什么灾害都低成本治理了,商人们还有什么可以卖?

不过,生态学家有时候还是很有话语权的。上海世博会之前,主办方打算移栽 30 000 棵大树(在各个国家的展馆前栽种那个国家的特色树)。后来经过生态学家们的极力劝阻,终于减少为 3 000 棵。以一位昆虫学家的眼光来看,也许一棵树都不应该移植——他说,把这些树移栽到不适合它们的生境,过不了几天就会死去,但是树上的虫子却留了下来,来吃我们本土树木上的叶子,又没有天敌控制它们,风险很大。

还有一张照片是一个足球场上有红火蚁的洞穴(一种入侵昆虫,可以使人休克甚至死亡),还有几名踢球的小正太。他指着其中一人说:"你看,这个男孩在挠腿,他可能已经被红火蚁咬了。"这番解读很像曾经看过的一副组图:《生物学家的假期照片》。一位生物学家去参加朋友的婚礼,结果他忘了拍人,所有照片都是动植物……

四

我在科学史所能看到的昆虫,只有蟑螂。有一阵子,我在办公室放了紫砂锅、各种杂粮、面食之类。日子久了,难免招来蟑螂。由于它们昼伏夜出的习性,倒也相安无事。它们实在是一种很聪明的生物,"科学家们发现,把很多蟑螂装在一个玻璃瓶子里,70天不喂食,它们仍然会活着,而且不互食,只是身体变得发白……睡觉的时候,它们可能会爬过你的指甲"。有一次给小朋友讲课,课上用了这一节材料,他们纷纷伸出手作出可怕的样子。

到后来,办公室蟑螂越来越多,且有些如蚂蚁一般大的小蟑螂,或许尚不明白它们这个物种的生存法则,白天时也四处横行,毫不畏光!(于是我才知道,蟑螂怕光并不是天性,而是因为在明亮的地方容易被打死,所以出于防身的目的,只有尽量避免暴露在明处)学生办公室的其他人越来越慌乱和不安。一位女生买来蟑螂药,布撒四周。过了几天,仍未见绝迹,他们又在讨论另一种牌子的蟑螂药。于是我自觉去买了5袋另一种牌子的蟑螂药,并且把所有米面炊具全部转移到楼下厨房里。此药效果不错,只用了两袋,不几日,屋里便到处是蟑螂尸体。后来3袋,终于没有再用。一来,办公室里再没有蟑螂了。二来,厨房里虽有蟑螂,但同一办公室的"紫罗兰"君(他养的一盆非洲堇,花开正艳,故得名)对于它们不忍伤害。他说,它们能吃你多少东西呢?你为什么不把它们看做是广场上的鸽子呢?

不知是不是因为北京的昆虫太少,我对于昆虫不像在版纳时那么恐惧了,甚至还有些想念,年初时还买了一本《东京昆虫物语》。有一天下雨,中午从食堂归来,在楼下下水道的挡板上,看到一只蜗牛缓缓地伸出前足,拉长,落到前面一栏后,后足才缓缓抵达,待后足停稳后,又重复之前的动作⋯⋯蜗牛和蛞蝓,都曾是我非常嫌恶的动物,但是那天,我居然凝神地看着它爬过一栏又一栏。

14. 普通动物与野生动物的"保护排序"

　　某次在网上看到图片新闻：一对夫妻依靠自己的力量，十几年里收养了许多流浪猫。看下面的评论，很多人说：有时间多去关注一下野生动物吧！在我的微信微博里，有朋友时常发来一些在高速公路上拦截贩狗车辆的志愿者们的求助信息，每次我都犹疑要不要转发，最终还是作罢——因为我的另外一些朋友，对于拦车行为非常漠然甚至反感，他们认为野生动物比家养猫犬更值得保护，或者说"在荒无人烟的地方开展工作的野生动物学家才是在进行真正的动物保护"……一直想写写我对"普保"与"野保"的看法，但是总觉得这些话是不言自明的，故而羞于成文。但是现在看来，"普保"和"野保"之间的隔阂如此之深，深得让人感觉即使母语相同的人，有时也像外星人一样难以沟通。因此，以下道理尽管浅显，还是有写出来的必要：没有普保，就谈不上野保。

一

保护野生动物不能仅仅依靠动物学家。

野生动物为什么成为需要保护的对象？人家在凶险的地球上生活了那么久，无论从智力还是体力而言，它们中的大部分早已拼杀出一套彪悍的生存技能。而现在之所以濒危了，在很大程度上是由于人类过度的侵扰。身体的某一部分太美是错，比如狐狸会因为皮毛而死去；机敏、善解人意是错，比如海豚会被抓进海族馆；颜色鲜丽、长相趣怪是错，比如鹦鹉和蜥蜴被迫在宠物市场流通；味道新鲜、身体某部分被认为"对人具有滋补功能"是错，比如野禽与熊……总之，这些动物虽然身在野外，但是它们之所以被侵扰，其原因无不深植于滚滚红尘之中。而那些常年奔波于荒郊野岭的野生动物研究者，对于这一类侵扰时常是爱莫能助的。一来，客观、纯粹、冷静，以及与世俗事务保持一定的疏离感，这是自然科学家通常需要具备的素质。二来，从学术追求来说，"解决实际问题"往往不是科学家的第一要务。比如普林斯顿大学的生态学家 MacArthur 指出，科学都应该着眼于非常细小的部分并从那里获取确有助益的知识。理论必须是抽象而细致的。理论必须首先敢于提出一些可以试验、证明或反证的论断。更刻薄的说法是彼得·

辛格的,"学院中的研究却也经常陷于鸡毛蒜皮的小事,因为大题目早被人研究滥了……深入探讨后,发现原先在表面上看起来鸡毛蒜皮的小事真的就是鸡毛蒜皮的小事"。即便有些野生动物学家最初是出于"拯救野生动物"的大愿而选择这一行的,但是学术共同体的考核与评价机制却迫使其努力方向与初衷始终保持一定的距离。

我所了解的参与野生动物保护的人,往往具有各种各样的身份。大概是因为这项工作本身需要涉及太多层面:第一线的救助常常既琐碎又危险,既要有"眼里常含泪水"的悲悯,还得具有和三教九流的人打交道的世俗智慧,同时还需要有"原谅我这一生放荡不羁爱自由"的情怀;而传播、科普环节的,则会有各种你想到或者想不到的专业人士参与其中。我所了解的许多野生动物保护常识,都是来自热爱动物的非专业人士。《重返狼群》一书介绍了"迄今为止世界上唯一由人养大后成功放归荒野的狼"。作者是一位年轻的女画家,李微漪。她去若尔盖草原上写生,得知一条公狼为了给自己的妻儿觅食,偷走了一只羊——需要说明的是,不到万不得已,狼是不愿意猎取家畜的,只因为草原上的野生食草动物几乎被人赶尽杀绝了,所以狼只好冒死偷羊——结果它被猎人捕死了,狼皮被剥去。饱受丧夫之痛和饥饿折磨的母狼夜夜到公狼被杀死的地方哀号。为了杜绝后患,且考虑到"被毒死的狼皮最完整",牧民和猎人给母狼投了毒肉。母狼当然知道肉有毒,但它还是吃了,并且用有毒的奶水喂了一窝狼崽,因为落单的母狼没法养活它们,而且狼窝也被人发现了,迟早都是死,它干脆选择自杀。但是它临死前用牙齿把自己的背皮撕烂,死都没让人得到那张狼皮。女画家关心那一窝小狼的下落,在高原上艰难地寻找了 3 天,终于在一户人家中找到唯一活下来的小狼……然后便是漫长而惊险的养育、训练与放归荒野的故事。

还有一位女孩叫龙缘之。刚认识她时,她在北大读影视学专业硕士。一开始我不明白她为什么那么反对动物园和动物表演,后来我慢慢地被她同化了。有一次的读书会上,她讲了这个话题。"人工圈养的各种设施与人为操作,都是加诸在动物生物性与行为性的限制,这些限制远超乎动物自然习性可以应付的能力之外,对动物心理与情绪的影响难以想象。"另外,她也到中国各地的动物园去"田野调查",看游客与动物各自的表现。基本上,动物园里的大部分动物是生无可恋的,或者出现刻板行为。

假"保育"之名,行"囚禁"和"商业化繁殖"之实的动物园,从过往的例证看来,不但没有对自然环境中的动物种群作出保育的贡献,更是无法将已经生长于圈养环境中的动物进行放归……更加恶劣的普遍情形是,动物园业者如果要有所选择的话,可以将园内动物卖给马戏团、宠物掮客、实验室和私人畜养。在台湾,甚至有动物园将繁殖过剩的动物当做山产或野味贩卖给民众。数据说明了动物园在保育工作上并无法扮演任何重要的角色。研究报告指出,"动物园内维持圈养一只犀牛的花费可保护16只在野外的犀牛。""动物园内圈养一群大象一年所需的经费,约为同一时期以栖地域内方式保育一群相似的大象,和所有相关生态体系的一百倍。"

提供保育计划的动物园并不多。实际进行这类工作的动物园,保育经费大概也只占有1%—2%的零头。

她介绍的这些,我都是第一次听说(并且终于明白了原北京动物园的副园长为何能贪污1 400万元),虽然我此前接触过不少以野生动植物保护为专业的人。

二

在没有接触过动物保护人士之前,我也认为只有野生动物才是需要保护的,而普通动物,则可以任由它们自生自灭。但是现在,我觉得"只有野生动物才是需要保护"的这种观念很不可理喻。

比如一人，看到家门口有只流浪猫，于是给予它食物以及栖身之处；若有余钱，再带它去做绝育手术，以免不断经历孕育之艰辛，繁衍更多流浪的生命①……这都是很温暖的事情。而且对家养动物多一些感性的认识，也能让人对更多的动物生起大爱——比如上文提到的两个女孩，她们都有养猫或者养狗的经历，这些经历让她们在面对野生动物时，能够更准确地感知它们的情感和需求。而如果一人，看到流浪猫首先想到的是"它的基因没有保存的价值"，或者"少了它，对地球的生态环境并无负面影响"，且不说这些观点是否正确，单是这样的思维方式就让人觉得可怕，因为这种观点用在"人"这一物种上同样合适。

再比如，谈到"吃"，大部分人是认同不吃野生动物的，至于养殖动物则无所谓。但您真的确定，吃养殖动物就不会伤害到野生动物吗？野生动物的灭绝，一个重要原因就在于其生境被破坏，最典型的莫过于热带雨林。

将热带雨林转变成牛只牧场的过程，自20世纪中叶以来便以惊人的速度在中美洲进行着。雨林的固有性质使得它在被砍伐之后只留下贫瘠、无法维系的牧

---

① 如果不绝育，猫狗生殖器官患癌症和其他疾病的风险极大，而且不断繁殖会使雌性猫狗遭受身体和营养的衰竭。

场,这促使人们寻求新的放牧区来取代旧的、已枯竭的放牧区,而扩大了雨林的破坏。

——《深层素食主义》

再比如,海产品动物养殖导致近海水域污染的报道也比比皆是。

当然,有一种极端的情况是:普通动物有时候会伤害野生动物。比如我曾在版纳植物园的网站上看到这样的文字:

流浪猫对地区生物多样性具有较大的影响。根据 *Nature Communications* 2013 年 1 月发表的文章称,在美国本土,每年散生猫杀死 14 亿—37 亿只鸟类,以及 69 亿—207 亿只哺乳类,这一数据大大超出预计。而流浪猫的问题在国内也非常突出,却鲜有针对性的措施和研究。版纳植物园因为被河流所环绕,具有一定的封闭性,如果控制住流浪猫的繁殖数量,将会保障项目的可持续性效果……

这几年,版纳植物园的观鸟者日增,爱鸟者护鸟心切,自然对流浪猫颇有不满,看微博上的评论,甚至有人建议直接将猫"肉体消灭"之。

从事理上来讲,肉体消灭了,就杜绝后患了吗? 就好像我们治理生物入侵,不会有人认为光靠除草工人每天拔除紫茎泽兰或者打捞水葫芦就解决问题了吧? 从情感上来讲,彻底的歼灭总是看起来最"高效"的,然而那股暴戾之气却长久难以散去,并最终波及每一个生命。我们分明可以有很多更智慧的方式来处理。比如动保法的积极推动者常纪文教授建议,应该提高养育伴侣动物的门槛,规定到了法定年龄才能养,并且要告知养育者应尽的责任;应给每一只伴侣动物安装芯片,如果它被遗弃,那么可以追踪到养育者,处以罚款和拘留。一旦规定了这两条,那么势必大大减少流浪伴侣动物的数量。

三

"野生动物比家养动物更值得保护"的流行观点,一方面来自人们长久以来的意识中,仅仅只把动物当做生产与生活资源,由于家养动物是"可再生资源",野生动物日益成为"不可再生的资源",因此只有后者才需要保护;另一方面,也来自人们对自然界万物的情感之稀薄。

李娟的书中不时提到她家收养的流浪猫、狗以及牧民家的羊。我一直很好奇为何她能够把动物写得那么真实。后来看《罕有的旱年》,明白了原因。由于暖冬引发草原旱灾,南面沙漠的草食野生动物只能偷吃农作物,她的妈妈在乌伦古河南岸种了80亩葵花地,葵花苗刚长出10厘米就惨遭鹅喉羚的袭击……这样的悲剧接连重演了3次,她的妈妈只能再次播下第4茬种子。而她的笔端,依然写出这样的文字:"它们也很辛苦啊,秧苗不比野草,长得稀稀拉拉,就算是80亩地,啃一晚上也未必填得饱肚子。于是有的鹅喉羚直到天亮了还舍不得离去,便被愤怒的农人开车追逐、撞毙。"她看羚羊,真是一种母亲看孩子的眼光,所谓万物一体,众生平等,就是这个意思吧。

后 记

　　这本小书收录的文章,一部分曾发表于各类报刊上,一部分素材来自我的毕业论文《食物、生态与农人——史学视野下〈华北的农村〉研究》。2014 年春天,论文初稿完成,当时有大病初愈之感,于是写下《写毕业论文的过程,就像一场心理治疗》。两年后重读,依然能感受到那段经历隔着时空传递过来的力量,于是以此作为后记。

　　写毕业论文之前,设想过可能会遇到的种种障碍:拖延症反复发作、资料不够、智商欠费,等等。而真正处于这一过程之中,才发现这些都不是问题:一旦有了明确的截止日期,拖延症会自动转换为强迫症,连做梦都是对着电脑写写写,并且旁边的倒计时显示屏还在滴滴闪烁;资料就更不是问题了,只要愿意找,总会找到比想象中更多、更好的文献,以至于很多以前看起来不错的存货只能暂时搁置到"剩余资料"中;脑力不够也不是问题,到最后发现体力更重要,因为大部分文字都是在熬夜中完成的。

我遇到的最大的障碍是：自我认同感太低，时常怀疑自己的价值。比如有一次看到某篇博士论文，《基于营养目标的我国肉类供需分析》，与我论文关注的问题有相似之处，但那位作者是数理分析派，从营养学、生态学、农业经济管理等方面列举了大量的图表、数据、公式；论文后列出了作者主持和参加的共计20项国开行或农业部的课题、项目。这样一比，我顿时感觉自己的博士论文弱爆了，因为是以文字为主，数据很少。

　　虽然在面对实际的社会问题时，我早已发现单靠图表和数据并不能解决问题，并且正是因此而转学文科。然而，由于本科与研究生阶段都是接受理工科教育，所以对数据仍抱有一种近乎教徒般的原始崇拜。刚考上历史专业时，几位老友聚会，一位师兄问我，这个专业难不难考？我说"还好"。"是不是这种文科专业只要报了就能够考上？"当时我感到一阵凉意，之后与这位师兄也逐渐断了联系。后来终于明白，我之所以如此敏感，乃是一种"穷人最怕别人说他穷"的心理，其实并不怪别人对文科有轻视。

　　接下来，在文科的环境中侵染了三年，我以为自己内心中对"文字"与"数字"的等级观念已经消失了。然而看到上面说的那篇论文，我才发现，根本没有。

　　直到某一天，心结忽然解开。一直以来，我们的农业是被动性的农业，即市场想要什么，农业就给什么；市场想要多少，农业就给多少。在整个社会消费能力低下时，这种模式当然没有问题，"农产品产量逐年上升"绝对是好事。但是现在的问题变得复杂了，农业管理者面临着更多精细的权衡——产量提高的价值是否能弥补治污的代价？而如果从医疗的角度考虑，那么"基于营养目标"的肉食需求量比"随心所欲"的肉食需求量每年节约出来的用于治疗富贵病的医疗投入有多少？这样一算显然更有说服力了。

这是一个非常靠谱的思路。但有一个关键问题是：有多少人愿意"基于营养目标"来生产和消费肉食？对于该问题的两个相关群体——生产者和消费者——都缺乏直接动力做出这样的选择。肉食生产者自然希望人们吃肉越来越多，要拉动内需，必须营养过剩；而消费者呢？从营养学文献来看，在20世纪90年代就有学者提倡控制肉食消费量，但是现实情况则完全相反，中国疾控中心营养食品所翟凤英（2007）对同一样本人群的食物消费、营养状况及其相关的影响因素进行了5次追踪研究，应用11年的资料分析发现，居民动物性食物消费量增大，成年居民牲畜肉类的消费平均每天增加了50—60克。与人们息息相关的"营养目标"尚且难以实现，那么"生态目标"就更是"呵呵"了。

也就是说，尽管从理论上而言，"基于营养目标"来生产和消费肉食是个不错的提议，但实际上，这里面还存在着诸多障碍。其实自民国时期开始，就有人从营养和生态的角度来提倡以植物性食物为主的膳食结构，其声势之浩大甚至更胜于今日。但是这个提议失败了。为什么会失败？这就是我在论文中研究的问题之一。在某种程度上，也可以解释为何今天的营养学家的建议那么软弱无力。而这种解释，是不能光靠数字来回答的。

这样一想，我觉得自己的研究也不是那么一无是处了。

当然，心理治疗是一个长期的过程，具有一定的反复性。所以当我看到另外一篇论文，我的自信又降至冰点。那篇论文所列出的"攻读博士学位期间的科研成果"大概可以够10个博士毕业。论文的材料组织方式与观点的陈述语气都极为老练，几乎完全摆脱了学生味，而这种功力，显然与长期对某一个问题的深入研究以及巨大的阅读量分不开。

而对于我来说，这两样都是硬伤。首先，我进入历史这一学科的时间太短，并无对某一个研究主题的积累。其次，因为偏爱以问题为导向的研究，而很多问题，往往并不是某一学科能给予完美解释的，所以我在研究中往往会牵涉到其他学科。这固然可以说是"视野开阔"，但问题在于：如果没有足够的知识背景支撑，尤其是史学功底还未打得很扎实的时候，这种"跨界"研究很容易流于肤浅。而且对于短短的三年学制的博士生来说，轻易尝试"跨界"还有一个风险：你写的论文很可能难以得到任何一个学术圈的认同，从而影响论文的发表以及找工作。

但是在某一天的某一刻，我忽然也想通了，并且与以往那个跳跃性地选择专业与职业的自己和解了。一路走来，很容易看到：那些对专业忠诚度高、较少更换学校或者单位的人，基本上比那些频繁换专业、换单位的人过得更顺利。那么，如果可以从头选择，我是否就会对某个专业或者某个单位、某个学校"从一而终"吗？

或许还是不会吧。至今还记得大三时，因为看到一篇题为《以地养地，浑善达克草逼沙退》的报告，而对"恢复生态学"专业产生兴趣，于是报考了"生态恢复"专业。但是后来发现，"生态学"与"解决实际生态问题"是两回事。研究生快毕业时，导师有一次问我想不想继续读博？我说不想。如果读博，我也许仍然是在哀牢山上拉拉样方、在电脑前分析数据阅读文献，然而当我做这些事情时，哀牢山下却有越来越多的人在采矿；西双版纳的热带雨林也仍在继续被砍伐、被橡胶林占据，而我真的能够气定神闲地编造"本研究的现实意义和价值"吗？我于是转入科普的行当。

本来以为自己不会再继续读博，因为无论从思维方式、感兴趣的领域以及知识背景而言，都找不到一个适合自己的专业。直到某天偶然看到农史学家曾雄生老师的一些文章，才产生了读博的念头，因为我发现用史学的眼光来解读自然和农业很有趣，于是跨专业报考了农学史。读博期间，结识了清华大学的蒋劲松老师，他促成了此书的出版，而"素食歧视"这一主题，也是他曾在邮件中提到过的。他提供的很多伦理学、哲学乃至宗教的视角,用于解释农业与饮食问题时,都很有启发性和颠覆性。我在自己的论文中多有借鉴,虽然诸多想法与表达尚处于初级阶段。

不同的专业,本质区别在于解释世界的方式不同,关注点亦不同。所以选择一个专业,意味着选择了另一种认识世界的方式。相比较以前,我喜欢现在这种方式。但是如果没有之前的铺垫和蜿蜒,我又怎么能找到最适合自己的解释世界的方式呢?如果重来一遍,或许还是会走上这样一段漫漫长路。

此书得以完成,也来自家人的无条件支持。感谢丈夫陈丹阳让我走进"科学史"这样一座偏僻而繁茂的"秘密花园",并且鼓励我完成论文;感谢小孩,大部分书稿是在她睡着之后写成,她基本上都能一整夜不醒;感谢父亲陈福民、母亲陈爱勇,他们一直都那么健康和能干,以至于我总是把他们的付出视为理所当然的。

最后,本书要送给所有对素食怀有疑虑的朋友。苇岸曾写过,"在医生、亲友的劝说及我个人的妥协下,我没能将素食主义贯彻到底,我觉得这是我个人在信念上的一种堕落"。类似的压力,或许每一位素食者都曾遇到过。愿我们的饮食文化,能够多一些宽容、理智和慈悲。

陈沐

2015 年 12 月 4 日凌晨,济南